HOW TO BEGIN

人生需要
被计划

［加］迈克尔·邦吉·斯坦尼尔 ◎著
（Michael Bungay Stanier）
陈 坚 ◎译

中国科学技术出版社
·北 京·

本书中文简体字版通过 **Grand China Publishing House**（**中资出版社**）授权中国科学技术出版社有限公司在中国大陆地区出版并独家发行。未经出版者书面许可，不得以任何方式抄袭、节录或翻印本书的任何部分。

北京版权保护中心引进书版权合同登记号　图字：01-2024-0035

图书在版编目（CIP）数据

人生需要被计划 / （加）迈克尔·邦吉·斯坦尼尔
(Michael Bungay Stanier) 著；陈坚译 . -- 北京 : 中
国科学技术出版社 , 2025. 1. -- ISBN 978-7-5236
-1040-4

Ⅰ . B848.4-49

中国国家版本馆 CIP 数据核字第 20243AT895 号

执行策划	黄　河　桂　林	
责任编辑	高雪静	
策划编辑	申永刚	
特约编辑	张　可	
封面设计	东合社·安宁	
版式设计	孟雪莹	
责任印制	李晓霖	

出　　版	中国科学技术出版社
发　　行	中国科学技术出版社有限公司
地　　址	北京市海淀区中关村南大街 16 号
邮　　编	100081
发行电话	010-62173865
传　　真	010-62173081
网　　址	http://www.cspbooks.com.cn

开　　本	787mm×1092mm　1/32
字　　数	125 千字
印　　张	7
版　　次	2025 年 1 月第 1 版
印　　次	2025 年 1 月第 1 次印刷
印　　刷	深圳市精彩印联合印务有限公司
书　　号	ISBN 978-7-5236-1040-4/B·195
定　　价	69.80 元

（凡购买本社图书，如有缺页、倒页、脱页者，本社销售中心负责调换）

清晰的目标、全情投入的勇气
和马上行动的决心会让你快速变强，
在实现人生计划的道路上所向披靡。

人生需要被计划

HOW TO BEGIN

每 5 年，我们可以干个"大项目"

打开我的笔记本电脑，屏幕上会显示一个日期：

2043 年 9 月 15 日。

意指终点：我离世之日。

畅销书《失控》（*Out of Control*）的作者凯文·凯利（Kevin Kelly）为自己设立了一个"死亡倒计时"，"倒计时"的最后一刻，即经过精算之后你的理论死亡时间。

凯利认为人们每 5 年可以干个"大项目"。这么说来，2022 年本书英文版首版，假设我的死亡日期计算无误，那么掰掰手指头，我的时间差不多还剩 4 个大项目。

做些真正有意义的事

时光飞逝，想必你也意识到了这一点。或许你才初出茅庐，或许你已成职场中年，又或许你打算让工作告一段落……反正总有新的抱负在时时搅动你的内心。

这可能是出于你对社会某种不公现象的愤慨；

可能是你受够了组织里的那些做事方式；

也可能是你因为现状太过安逸而心神不宁；

还可能是你意识到了自己的生活尽管已经非常圆满，却依旧没有自己希望的那样丰富或有意义。

不管你渴望什么，很开心你能打开这本书。书中讲述的从"想要"到"得到"的行动流程，将助力你实现内心真正想做且真正有意义的那个项目。

MBS

迈克尔·邦吉·斯坦尼尔

姜晓梅

华为全球行政服务管理部前总裁

　　曾经有团队采访过上千位即将离世的老人，询问起他们一生最遗憾的事是什么，大部分人都说到自己在年轻时没有能够勇敢坚持的目标和梦想。如何以终为始，拿回我们人生的控制权，迈克尔给了我们一套简单、可衡量和可执行的流程。推荐《人生需要被计划》给所有想要过上美好且有意义人生的朋友们，无论你在哪个人生阶段开始计划都不晚。

吴俊忠 教授

深圳大学城市文化研究所首任所长、文学与文化研究专家

　　对于不甘平庸、有抱负有追求的你来说，《人生需要被计划》

是一本极具指导意义的好书。它为你明确了价值目标，指明了方向路径。无论你充当什么社会角色，处于何种人生阶段，只需坚韧地走完书中的流程，即可获得你想要的结果。

王文利 教授
西安电子科技大学电子可靠性（深圳）研究中心主任
国家科技部科技创新 CEO 特训营特聘导师

每个人都应该有自己的人生代表作，要完成人生代表作就需要一份清晰的规划。我推荐本书给那些渴望在学术和职业生涯中不断取得进步的学生们，以及所有希望在不断变化的世界中找到人生方向的专业人士。

郑 彤
北大青鸟同文教育集团总校长

《人生需要被计划》会告诉你们如何规划人生，如何在未来的道路上少走弯路。本书对于正在跨越成年门槛的高中生，和走向职场的大学生，是极具价值的职业规划参考书。

朱莉·利思科特－海姆斯（Julie Lythcott-Haims）
斯坦福大学前教务长
畅销书《如何让孩子成年又成人》作者

　　《人生需要被计划》是一本直言不讳、风趣幽默、激动人心，最终能实实在在帮到你的图书。

柯特妮·霍恩（Courtney Hohne）
谷歌前公关主管

　　对于那些本能地对自助心灵鸡汤感到厌恶，只想专注于做出伟大的工作，让世界变得比我们发现时更美好的人来说，《人生需要被计划》特别具有吸引力。

赛斯·高汀（Seth Godin）
世界创意营销大师、雅虎前直销副总裁、知名营销顾问

　　强大、神奇且引人入胜。我们不需要更多时间，只需要做出决定。

莉兹·怀斯曼（Liz Wiseman）

甲骨文公司前高管、著名管理学家

全球十大领导力专家之一

我喜欢这本书，这话是从一个对目标不太感兴趣的女孩口中说出来的。

惠特尼·约翰逊（Whitney Johnson）

与《创新者的窘境》作者克莱顿·克里斯坦森共同创立顾问公司

极其实用、令人愉悦且精美呈现了一本非虚构的《野兽国》，适合成年梦想家和实干家阅读。

奥斯丁·克莱恩（Austin Kleon）

《纽约时报》畅销书《秀出你的工作》作者

友善的声音和引导之手。

人生没有彩排，我们必须活出极致

第一次遇见我的妻子玛塞拉（Marcella）时，我们都是牛津大学的新生。她高中辍学，但拿到了牛津大学的奖学金，并在那儿攻读博士学位。她的寝室门上贴着一张纸，纸上印着："人生没有彩排。"（Life is not a dress rehearsal.）读者朋友们，这就是我的人生伴侣。

我们的人生都只有一次，因此我们必须活出极致，去做些真正有意义的事。这也就意味着我们要有双重抱负——既为自己的人生，也为这个世界。

对自己的人生有抱负，意指释放自身的巨大潜力，成为最佳版本的自己。科学反复告诉我们，快乐极少源自金钱、名誉或地位，即便你足够幸运能够拥有其中一二。

快乐源自用心经营的生活。唯有在这种状态下，你才会提炼和发挥自己的才能、探索自身优势、激发冒险精神，且不会让担忧恐惧、过往伤痛和流言蜚语阻碍你的前进道路。

对一些人而言或许实现自己的人生抱负已然足够了，但我还是想要额外实现一个更大的抱负。希望你也有。

对这个世界有抱负，也许带点想"登上头条新闻"的意思：比如创建一个国际性的组织；获得一项科技专利；移居火星。

但也可以从更接地气的范畴去考虑：比如建立一种更美好的关系；坚持完成一项具有挑战性的任务；领导一支活力四射的队伍；重返校园；打造和分享一个创意活动；主持一场社区大会。

这意味着要忽略一己之私，你需要问自己："我是否愿意更多地为这个世界付出而非索取？"无论你是谁，无论你有无特权，你总能找到途径，更多地为这个世界付出而非索取。

这两种抱负相得益彰。通过设定同时满足两种抱负的目标，也就是你的价值目标（Worthy Goal），你会走到技能和经验的边界，困难也会随之而来。

在你举步维艰、磕磕绊绊的同时，你也将慢慢突围、持续学习和成长，培养能力、智慧和信心，并在这个过程中，强化并展现最好的自己。

通过挑战去实现你的价值目标，你将迸发出前所未有的巨大能量，你将今非昔比，也将为这个世界增添一丝美好。

坦白讲，本书是为那些既有抱负又有包袱的人准备的

你难免会想："我不确定这本书是否适合我。看起来它是写给那些目标清晰、有权有势、无甚压力、更有成就的人的，又或者说，是写给那些更积极、更成熟或欠成熟、多少有点自私、更年长或年轻、更聪明、反应更快、更勇敢的人的。"你可以一直解释说明自己还没准备好开始阅读本书的各种理由。

你稍欠自信也属正常。价值目标是令人兴奋、意义重大却又十分艰巨的。很少有人一开始就有十足的把握。本书的核心从"想要"到"得到"的行动流程正是为所有那些既有抱负又有包袱的人准备的。

无关你的社会角色

你或许老了，或许还年轻；或许已经功成名就，或许事业才刚刚起步；或许是主流之一，或许是个激进分子；或许手握某些特权，或许受困于群体的牢笼。无论你是何种角色，书中的流程都能让你心领神会。

无关你的抱负大小

或许你怀揣着伟大而勇敢、旨在改变世界的梦想。棒极了！

或许你只关注身边的某些事物。完美！或许你正启动或升级某个创新项目。优秀！无论你的抱负是大是小，面向世界还是身边，有关企业还是团队，旨在开拓还是创新，本书都可兼顾。

无关你的人生阶段

或许你的价值目标已经实现了一半，需要某些帮助来让你重新聚焦并重燃你的决心。或许你对某些自知甚好的项目跃跃欲试却得不到许可。或许你还在寻找合适的起步方向。这些都不是问题，在这里一切都能稳步推进。

你感受到内心抱负的萌动。你知道自己可以做出更大的贡献。你希望做出改变造就不同。你希望学习和成长。你希望用自己的力量做些好事。

相信你已准备好开始了。

3 个阶段，开启炽热人生

本书内容包括 3 个阶段，每个阶段包含 3 个步骤。

第一阶段，设定价值目标（Set a Worthy Goal）。我会帮你找到并优化一个令你兴奋、意义重大却又十分艰巨的目标。价值目标是你个人抱负和世界抱负的交集。

第二阶段，下定决心（Commit）。你得想清楚并且相信这是一段值得你坚定不移地走下去的旅程。列明得失，有助于坚定信念。

第三阶段，跨越门槛（Cross the Threshold）。制订计划需要循序渐进，需要做好充分的准备，如此才能持续向前。太过害怕冲击价值目标，不仅是你自己的损失，也是我们所有人的损失。

在接下去的篇章里，我会逐步分解 3 个阶段中的每个步骤，你会清晰地了解其原理和方法，便于你反复运用。该流程将作为一种实践工具，助力你的当下和未来。

坦白讲，我对流程既爱又恨。也许你也一样。

差的流程令人抓狂。若是流程太过抽象和高端，那就像摸黑在陌生人家的客厅里跌跌撞撞地转圈一样：你根本不知道自己在往哪里走。

而若是流程太过约束和受限，那你就不得不把全部时间都花在如何根据条件筛选以及如何找到出路上面。

好的流程则集万千优点于一身。

一方面它足够宽松，仿佛就是为你量身定制一般，另一方面它又足够严谨，可以帮你排除各种干扰；

它会给你那些你想要的，同时也会告诉你那些你需要却不自知的；

它洗练而质朴，极易上手操作；

它让理论和实践深度结合，因此又不会过分简单和脆弱。

好的流程是可衡量的。这意味着它容易被理解，可被教授、被学习和被传播。你可以不断地更新它，然后化为己用。你可以单独运用，也可以与其他方法结合使用。

你即将运用的这一流程，我已在数千人身上测试过。但流程之所以成为流程，前提是你得运用。你必须将你的全身心和抱负投入其中。

你可以选择你最舒适的流程使用方式，每种选择各有利弊。

和谁一起运用

独自运用：这种方式自主性强，自由度高，进展迅速。你可以推进得很快。但单枪匹马也很难让你发现自己身上那些不自知的问题，并且非常容易让你懈怠和逃避。

和同伴一起运用：坦陈自身弱点、表达携手并进的意愿，这一方式很有效并且回报颇丰。但选择这个方式，你的进度显然会比独立运用慢许多，也不像由导师带着你运用那样专业。

请导师或教练指导运用：有人帮你把关是件幸福的事，这样你可以只管向前，全身心投入流程当中。但前提是，你必须得找到一个你信得过的行家里手。

运用流程的速度

快：速战有助于速决，避免这期间的停滞或犹豫。我有些最重要的灵感的落地，都是以"快到令人不适"的速度走完流程的。但问题是，每一个环节都很难深入。

慢：缓慢推进能够让你深入各个环节并及时进行反思总结。但这同时也意味着，你可能会被卡在某处而不能自拔，或者说给了你逃避更困难的问题的时间。

人 生 需 要 被 计 划

HOW TO BEGIN

选择你最舒适的流程使用方式

如果上述内容对你有帮助，就请用 5 分钟回答下列问题。

你会选择和谁一起运用流程?

....

....

....

....

....

你倾向于哪种运用流程的速度?

....

....

....

....

....

....

人 生 需 要 被 计 划

HOW TO BEGIN

HOW TO BEGIN

目 录

第一阶段　设定价值目标

第二阶段 下定决心

第三阶段　跨越门槛

SET A
WORTHY
GOAL

设定价值目标

允许自己去争取和掌握人生主动权

生命短暂，得着手做些真正令人兴奋、意义重大又十分
艰巨的事！

为什么你的目标总是模糊不清，难以实现？

我已过天命之年，一个伤害性不大但侮辱性极强，提醒我身体已经老化的信号是，眼睛视力不行了。我现在要花大把的时间将焦距，整天盘算着……今天该戴普通眼镜吗？是不是得找找老花镜了？把隐形眼镜翻出来？要不索性什么眼镜都不戴，眯着眼凭直觉猜得了？

锁定抱负也是如此：你要赶在目标又一次模糊之前切准焦点。抱负很难明确，因为太多情况下，它是兼具 3 种特点的组合体：**既排他，又不确定，还虚无缥缈。**

排他，是因为看上去，只有那些手握特权牌的人才配有抱负。但我得说，就算手里有牌，也会时不时挣扎。有些人认为要是手里没有下面那些牌，那就难上加难。

◎ 不是男性，难上加难。

◎ 不是白人（至少在北美和欧洲），难上加难。

◎ 不是顺性别者和异性恋者，难上加难。

◎ 没有"圈子"，难上加难。

◎ 没有破碎的童年，难上加难。

◎ 没有 ×××，难上加难。好吧，可以列很长一串。

不确定，是因为我们所生活的这个时代，鼓吹的是实现以自我为中心的成就，其力度和声势前所未有。社交媒体也到处充斥着各种令人眩晕的个人高光时刻。

无论你的梦想是什么，你会发现令人羡慕嫉妒的仍不外乎这些：更多的财富，更广的人脉，更大的权力。假如这种成功正是你的追求，那请注意：当你登上山顶时，也许你会发现那并不是你所希望的巅峰。

虚无缥缈，是因为即便你有自己的抱负，也确信它能兼顾个人和世界，但你仍然很难将其表达清楚。你需要坚持你想实现的目标，想清楚你要成为什么样的人，以及你如何拥有改变的力量，才能牢牢抓住一些实实在在的东西。

你现在处于何种状态？

你可以判断一下自己在追求抱负的途中会遇到哪些问题。无论你怎样回答，都不会是错误答案，这纯粹是为了帮你搞清楚你当下所处的状态。

总是被动行事。你或许已经着手做某些事情，但感觉自己的目标像是从别人那里接替或借过来似的，又或者说，其产生纯属偶然。就像和朋友们疯玩一夜之后，凌晨 3 点，你发现身上不知不觉多了个文身一样：你已记不大清楚当时的细节，自己最后怎么就答应了，你本意并不想要，但如今感觉只能坚持下去了，所以……好吧。

觉得自己不配。你或许感觉自己不配拥有价值目标。仿佛你面前竖着一块标识，写着"身高多少才能继续向前"，而你每次来都差那么几厘米。

也许你就是这条路上所谓的"第一人也是唯一一人"，因此没有前人的经验可供你参考；或者，太多人对你说，那些抱负不是你这样的人可以拥有的；又或者你已经接近了，但还没有完全准备好或还不能完全胜任……最终你被这些想法说服了。

原地挣扎。你或许感觉自己已经找到了价值目标，也迈出了追逐的步伐，但最终不知怎的还是偏离了方向。如今你发现自己步履蹒跚地走在一片没入脚踝的沼泽地里，一边驱赶着各种昆虫，一边忍受着难闻的气味，筋疲力尽，垂头丧气，无论如何也想不明白自己怎会到这般田地。

等待喷发的时刻。你或许已经感觉到了价值目标，但还没有找到令其喷发的途径。它也许浓烈炙热，也许安静羞涩，但你知道它就在那里，一旦适得其所，就会发生你期待的事情。

不管你处在何种状态，都是完美状态。因为无论如何，此刻都是你寻找和完善价值目标的最佳时机。

你值得拥有

想要找到价值目标，你得不断探索各种可能性。它必须值得你拥有：值得你付出注意力、财力和智力。你的价值目标必须值得你托付人生。

在本书这一流程的第一阶段，你需要写下从初稿到终稿 3 个版本的价值目标。之所以如此严谨，是因为我想让你自信一点，价值目标对你而言真的至关重要。唯有这样，你才能保持冲劲，勇往直前，克服各种障碍和困难，在探险征程中取得重大进步。

人 生 需 要 被 计 划

HOW TO BEGIN

第1步

3 个要素 ×3 个维度，找到你的关注点

价值目标 3 个要素：令人兴奋、意义重大、十分艰巨

价值是个大词，让人感觉有点严肃，也许有点"抽象"。你可能会想，"我怎么配从价值层面去衡量事物呢？"事实上，衡量事物"是否有价值"很少涉及抽象的道德评价，更多的是对某件事是否值得你全身心投入的一种判断。

当你明白了价值目标 3 个要素之后，作为标准而言的价值一词，便更容易理解了：令人兴奋、意义重大、十分艰巨。这 3 个要素，是你胸中宏伟蓝图的基本底色。假如你的某个目标或计划完整包含了这 3 个要素，那么想必你已经跃跃欲试了。

令人兴奋（Thrilling）

当你一想到某个目标就有持续向前冲的动力。它令你充满

激情，不仅仅是理论上的，而且还是现实生活中的真实感受。它对标你的价值观，撩拨你的神经末梢。它会让你摩拳擦掌，心想："没错！就是它！"冲击目标的过程会让你感到骄傲和自豪。它很酷，很有趣，也很大胆。它是你很想经历的一次冒险之旅。

实现令人兴奋的目标，对抗的是沉重的期望。各种期望——他人的和我们自己的——会将我们牢牢地缠在原地。"我应该这样去做 / 争取 / 实现 / 主张……"是我们很多人身上背负的一块巨石。

意义重大（Important）

杰奎琳·诺沃格拉茨（Jacqueline Novogratz）在其杰作《道德革命宣言》（*Manifesto for a Moral Revolution*）中，提出人们要"更多地为这个世界付出而非索取"。意义重大的目标即包含了这层意思。这样的项目或目标，意在赢取比自我满足或自我愉悦更大的收获。其利益可能高于你的生命。

诺沃格拉茨这句话之所以掷地有声，部分得益于其外延广阔。例如，经营家庭关系，试图完成极具挑战性的工作项目，开始写书或创立播客，重返校园学习，建立邻里组织，创办个人企业，抗议不公，追求其他成百上千的价值目标，所有这些都意味着你在更多地为这个世界付出而非索取。

实现意义重大的目标，对抗的是自私自利。我完全赞成自我投资、个人探索及成长，但就多数情况而言，"自私自利"还不足以创造一个更好的世界。

十分艰巨（Daunting）

所谓十分艰巨，就是当你一想到要去追求自己的价值目标，你的心脏，或者胃，或者肩膀便会一阵震颤。那种感觉，既不至于让你觉得目标完全没有实现的可能，同时也会让你明白，前路并非一帆风顺、水到渠成。

假如想到要去实现这个价值目标，只会让你稍微出点汗，那你得想办法把目标调整到十分艰巨的水平。

实现十分艰巨的目标，对抗的是舒适区。各种思想无休止地鼓动你要埋头苦干、谨小慎微、保守低调。设定一个十分艰巨的价值目标，会吸引你重新回到学习状态，从而逼你走出舒适区。

半途而废、感到虚无和停滞不前的原因

假如你的价值目标只具备 3 个要素中的两个会如何？难道还不足够接近？只能说差不多。但这就好比一张 3 条腿的凳子，其中一条腿比另外两条短一些，凳子可能也能用，但总归有些不稳当。

令人兴奋、意义重大和十分艰巨之间存在一种有益的张力，

就像用手拉一根橡皮筋。那种状态下，这种张力会产生动态的潜能。但凡三者缺一，这种潜能便会消失。

三大要素缺一，就会产生如下的可能性（见图 1.1）。

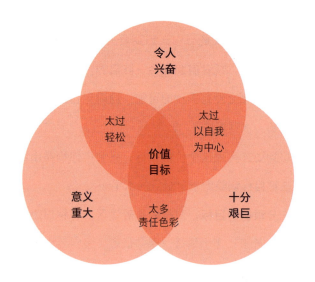

图 1.1　价值目标 3 个要素，切勿使其缺失任何一个

意义重大、十分艰巨但不令人兴奋

这种价值目标会让人感觉带了过多的责任色彩。目标有意义，能激发你的才能，为打造一个更美好的世界贡献力量，但它无法让你保有持续的动力。追求这种价值目标，存在因你身心俱疲而中途放弃的风险。

令人兴奋、十分艰巨但意义不大

这种价值目标会让人感觉太过以自我为中心。目标令人兴奋，能激发你的才能并得到成长，但在努力为他人做贡献的同时，更应思考一下"为什么"要实现这个目标。追求这种价值目标，存在因你突然悟到"何必费劲"而中途放弃的风险。别光列一些细小琐碎、家长里短、纯粹个人的目标，你应该想办法将这些目标跟更广阔的世界连接起来。

令人兴奋、意义重大但并不十分艰巨

这种价值目标会让人感觉太过轻松。目标很扎实，能一度激发你的才能，但很快你便处于巡航模式。在这种舒适状态中待久了，人就会停滞不前。

价值目标 3 个维度：领域、范围和类别

以令人兴奋、意义重大和十分艰巨这 3 个要素为基石，你便具备寻找价值目标的前提了。你可能已经有了自己的价值目标初稿，只待有人支持和认同，你便可以扬帆起航。

但不管你内心有多么蠢蠢欲动，也不要跳过这一节，因为最糟糕的情况往往发生在你坚信计划已是万无一失的时候。而最有

可能的结果便是，你将重新完善你的价值目标，让它变得更具吸引力和挑战性。

但假如你有诸多疑虑，又该如何着手呢？下面是 3 个各不相同却又彼此交织的维度——领域、范围、类别，你可以顺着这一束光，去探索和发现。

领域（Sphere）：工作和非工作

最简单的启动方式就是将世界分为两个可能性领域：工作领域和非工作领域。

假如价值目标关乎某个组织，或是要成为企业家或某个团队成员，又或是打算提供某种产品或服务，那它或许可归入工作领域。

假如价值目标关乎建立某种关系，或是创建 / 启动某个活动、研究某个新事物，又或是建设某项社会事业、为社区作贡献以及以某种方式服务自己的家族，那它则可归入非工作领域。

别太过分咬文嚼字。我知道还有别的分类方法，且两者之间并非总是有着明确的界限。我也知道两边如何归类其实完全不重要。举个例子，假如你是个学生，你想把学业成绩归入工作领域，或者非工作领域，完全是你自己的选择。这只是一面透镜，能帮你看到选择和机会罢了。

范围（Scale）：从个体的到宽泛的

在工作领域和非工作领域，你都可以投身于不同的范围层级（见图 1.2）。你可以选择缩小注意力，聚焦于某些个体的事情。你也可以看得再宽、梦得再广一些。这两种选择，彼此没有高下之分。令人兴奋、意义重大、十分艰巨这 3 个要素，始终是检验你的价值目标是否真有价值的唯一标准。

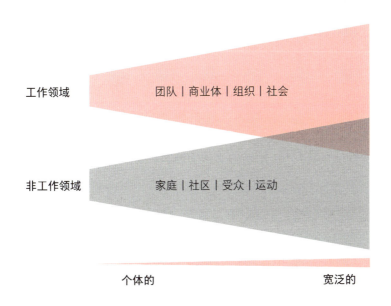

图 1.2　无论聚焦小目标，还是关注大目标都没有高下之分

工作领域的范围

在工作领域，从个体到宽泛的范围变化如下：

◎ 有关某个团队的领导力、项目、责任义务，以及团队
内部和其他团队之间的互动；

◎ 有关某个商业体的领导力、责任义务，以及和其他商
业体之间的互动；

◎ 有关某个组织的战略和文化；

◎ 组织如何满足社会需求，以及如何影响和服务社会。

非工作领域的范围

在非工作领域，个体到宽泛的范围变化如下：

◎ 家庭成员之间如何相互滋养、彼此关爱、共同进步；

◎ 打造一个包容、抗压、富庶的社区所需具备的条件；

◎ 能够打动受众的创意工作；

◎ 能够突破地域 / 社区 / 受众的某项运动。

类别（Class）：项目、人和模式（Projects, People & Patterns）

类别是贯穿工作领域和非工作领域的另外一个框架。

项目。项目是你需要完成的一项工作，通常有始有终，要么完成，要么未完成。你从一个点走到另一点需要许多步骤，最终要么成功，要么失败。你的指甲缝里会塞满"数字污物"，因为你成天都在敲打键盘。**这一类的价值目标最关注的就是行动。**

人。我们一直都身处在"关系之中"。若说有人能够置身关系网之外，那简直无法想象。我们爱的人和爱我们的人，我们领导的人和我们追随的人，和我们谈业务的人以及和我们玩的人，我们的角色都是在上述关系中被塑造成型的。

有时候，价值目标会将你聚焦在那些关系中的一段或多段——比如成为更加优秀又与众不同的兄弟姐妹、儿子女儿、朋友、看护者、创始人、合伙人、管理者、客户、销售商等。**这一类的价值目标最关注的就是互动**，涉及你和对方的关系。

模式。当你审视自己在这个世界中的形象，你当前的行为模式是否奏效？你是否得摒弃某种与你的抱负不相匹配的老旧做派？你不可能总将模式类的价值目标和意义重大联系在一起，但通过突破自我，蜕变成一个更好的自己，则毫无疑问是在更多地为这个世界付出而非索取。**这一类的价值目标最关注的是改变。**

我在下表中填入了自己的 2 个价值目标（见表 1.1 和表 1.2），我将完整示范如何运用本书的流程。

表 1.1　迈克尔的价值目标 1 所属的 3 个维度

领域	工　作		非工作
范围	个体的	● ● ● ● ● ●◉	宽泛的
类别	项　目	人	模　式

价值目标 1：创建一个全新的、一流的播客

你可以看到，我在领域一栏框出了"非工作"，范围一栏选中了靠近"宽泛的"那个点，类别一栏选了"项目"。

表 1.2　迈克尔的价值目标 2 所属的 3 个维度

领域	工　作		非工作
范围	个体的	●◉● ● ● ● ●	宽泛的
类别	项　目	人	模　式

价值目标 2：不再担任蜡笔盒公司首席执行官

这个价值目标属于"工作"领域，范围相当偏"个体"，而在类别一栏，我同时框出了"人"和"模式"。

确定你的价值目标所属维度

假如上述内容对你有帮助，你可以在下表中尝试填入一些可能的初始价值目标。即便你对自己的价值目标已相当清晰，我也鼓励你填 2~3 个甚至更多。观察选项，有助于你权衡选择。10 分钟即可完成。

领域	工　作			非工作
范围	个体的	••••••••		宽泛的
类别	项　目	人		模　式

领域	工　作	••••••••		非工作
范围	个体的			宽泛的
类别	项　目	人		模　式

没有完美的目标，但写下来，它便瞬间有了意义

这话不是我第一个说的，但我能证明此言不虚：初稿总是蹩脚的。我的初稿总是平淡无奇，或是困惑难懂，要么太过具体，要么含糊其辞。虽然花了一些心思，但它根本谈不上有趣。我的初稿总是塞了过多的意向和比喻，仿佛一根香肠就要撑破肠衣，又像一个安排了太多小丑出场的马戏团。我总是一路絮絮叨叨地试图表达观点，却永远不知道何时该停，总盼着再多说一句效果会更好。这段话就是再恰当不过的例子。

你开始设定价值目标时也几乎不可能一次性表达精准。我们会笨舌笨嘴地寻找合适的语言。我们会降低自身抱负，因为定小目标总归会更容易些。你也可能恰好相反，定的目标太抽象、太夸张，比如"找到幸福"，直接把你压垮。

但我们总有一天得开始，而当我们毫无顾虑地写下蹩脚的初稿时，它便瞬间有了意义。它意味着你迈出了重要且关键的第一步。你可能会犹豫。你刚写完的时候可能会感觉很尴尬。没错，它可能不完美，也不可能完美。但你可以发挥你最佳的想象，从而为自己筹划下一步的行动。接下来，我们将根据你写下的初稿，一步一步地将其变得更强更好。

　　我会陪你一起，根据我的两个真实的价值目标完整走一遍流程。为何是两个？因为我想让你了解两种不同的价值目标，它们在领域、范围和类别上各不相同。在本书附录中还有另外两个案例分析，由我的工作室成员亲自完成并满心满意地将自己的流程与你分享。

领域	工 作		非工作
范围	个体的	●●●●●◉	宽泛的
类别	项 目	人	模 式

这是我的价值目标 1 的蹩脚初稿，刚写下来的时候（早在 2021 年），对我来说它真实而生动。

价值目标 1：创建一个全新的、一流的播客

我将这个价值目标发到朋友圈，收到了一堆评论，都说这不怎么像是我的价值目标。毕竟，我之前就创建过播客。因此我受到了批评，含蓄的那种，说我胆小怯懦，只求安稳。

我解释一下为什么它是价值目标。首先，它不属于工作领域。我要的是它能给我创新和创意方面的成就感，而不仅仅是实现营销目标。其次，我希望新的播客是成功的、与众不同的。我要的不只是跟一些有趣的家伙做个访谈交流。我要升级成为一个专业的播主。

最后，最重要的是听从我的内心，这是否是我的价值目标，**我自己才是最终的评价者**。他人的反馈有一定的参考价值，但未必当真。

领域	工作		非工作
范围	个体的	●◉●●●●●	宽泛的
类别	项 目	人	模 式

这是我的价值目标 2 的蹩脚初稿，2020 年我的首要工作。

价值目标 2：不再担任蜡笔盒公司首席执行官

大约 20 年前，我创办了蜡笔盒公司。让我既开心又惊讶的是，如今它已是一家拥有 20 名员工的成功的研发型公司，客户包括微软、赛富时（Salesforce）和研科（TELUS）。我当上首席执行官就是一个偶然，我干得不算糟，也谈不上好。我知道，如果要让公司持续茁壮成长，我必须退位。

实现这个目标很不容易。一方面，多数公司在创始人和下一任首席执行官的交接环节上都失败了。那么就这一点来说，我要如何确保自己不会害了即将上任的首席执行官？另一方面，我将自己 20 年的心血注入了蜡笔盒公司，它对我而言是深层意义、身份地位和目标价值的根源，那么我该如何从中抽身？

写下你的第 1 版价值目标

无须顾虑太多。很快你就有机会再改。5 分钟即可完成。

领域	工 作		非工作
范围	个体的	● ● ● ● ● ● ● ●	宽泛的
类别	项 目	人	模 式

....

....

....

....

....

....

....

....

....

或者你可能觉得自己在"惯性滑行"，生活还算过得去，但你内心深处知道，你想要更多，而且也应该得到更多。

《活出最佳自我》（*Best Self*）

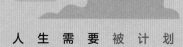

人 生 需 要 被 计 划

HOW TO BEGIN

第2步

测试你的抱负，检验和调整你的目标

你已经朝着价值目标迈出了勇敢的一步，写下了蹩脚的初稿。此刻你或许觉得，能把某些想法写下来，已是一大进步。但千万别就此停下。

千，

万，

别。

接下来，是时候通过 3 项测试评估你的目标是否足够清晰、恰到好处地呈现了价值目标 3 个要素，并对你的价值目标初稿进行强化和优化了。

不过，你没必要真正意义上地"通过"任何一项测试。做测试的目的在于检视你的价值目标初稿，通过测试来收集数据。

"类配偶"测试：你会有多大的激情去实现目标？

幸运的话，你生命中应该有比其他任何人都更了解你的某个人。他可能是你的兄弟姐妹、同窗挚友、生活"搭子"、导师教练，甚至可能就是你真正的另一半。

不管他是你的什么人，他都应该已经和你相处了很长时间，无数次地听过你的故事，知道你的梦想，理解你的沮丧，见过你的各种状态。他了解你迄今为止的起起伏伏，他还会被你的笑话逗乐，也一直都在给你支持。

去告诉这个人你的价值目标，记下对方的反应。

他的反应通常会是类似以下 3 种情形：

◎ 很棒！"好极了！使劲去干吧！"

◎ 很棒！！"想法不错。不过说真的，别光嘴上说，赶紧付诸行动。你都把我搞疯了。"

◎ 打住！"简直荒唐。我求你别干这事。"

这些话我听过很多次。玛塞拉是我的妻子，也是我身边的类配偶型角色。当她听到我的某个想法后表现得比我还兴奋时，我最开心。当她直言不讳地提出 2~3 个批评意见时，我虽然没有那么开心，但多少也能够理解。记住，类配偶型角色讲的并非真理，也并非对你的想法下的判断。你无须认同对方的说法，也无须照对方说的去做。对方作为熟知你的人，只是提供了一种选择和观点，就像一面可以参照的镜子，帮你更好地了解自己的兴奋程度和决心大小。简而言之：这项测试的结果极为有用，但也并非真理。比如，玛塞拉曾对我建议的某个项目严词反驳，但最终我还是义无反顾地做了。

"终极意义"测试：实现目标对你来说多重要？

这项测试可以帮助我们厘清价值目标与超越个人满足感的、某种更高层面的成就感之间的联系。最笨最直接的做法就是直接问"为什么"。但我发现，"为什么"是一个相当难回答的问题。最终我只能含糊其辞，笼统地自圆其说，回答得连自己都不怎么相信。

还有一种寻求答案更微妙的做法是，看你能否针对价值目标加上一句："是为了……"回想起我曾实现的那些价值目标，我总能拿出一个掷地有声的答案来回答那些"为什么"。2011 年我写成并编辑出版的那本《结束疟疾》（*End Malaria*），"是为了拯救生命"（为英国公益组织"消灭疟疾"筹得 40 万美元）。我的另一本书《关键 7 问》（*The Coaching Habit*）和我创办的蜡笔盒公司，"是为了让教练思维更加触手可及"。本书同样有一个"是为了……"——"是为了让人们改变自己、改变世界"。

相反，回想起那些我启动了但最终没能坚持到落地的多数项目，要回答"为什么"，答案就变得飘忽不定了。

"金发姑娘区 – 适居带"测试：
你能接受多艰巨的目标？

你知道《金发姑娘和三只熊》（*Goldilocks and The Three Bears*）的故事吗？金发姑娘在森林中闯入三只熊的家，来到一个房间里，桌子上的三个碗里面都有食物，房间里还有三把椅子。她喝完了那碗不冷不烫的粥，挑了那张不大不小的椅子坐，最后在小熊不软不硬的床上恬然入睡。

天文学界的人们从故事的内涵里提炼出了一个"金发姑娘区 – 适居带"（Goldilocks Zone）的概念，是指靠近某颗恒星的区域，该区域星球上的水始终以液体形式存在。离恒星太近，水早已沸腾；离恒星太远，水则会结冰。而液态水是生命之源。当我们在浩瀚的太空探寻地外行星时，那些处在"适居带"的行星尤其令人着迷。

就你的价值目标而言，你要探寻的就是你自己的"适居带"。你在衡量它的可行性。大小和轻重是否合适？如果目标过于细小和琐碎（"我要 10 点前睡觉"），肯定称不上令人兴奋、意义重大、十分艰巨。如果目标过大（"我要解决种族歧视问题"）又显得太过"自娱自乐"。而把你的价值目标放进"适居带"正是确保其大小适合的方法（见图 2.1）。

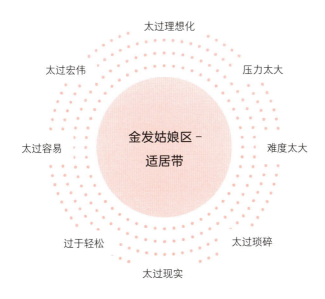

图 2.1 "金发姑娘区 - 适居带"
让价值目标落在切实可行的区域

以下是我对自己的价值目标进行这 3 项测试的具体过程。

价值目标 1 初稿：创建一个全新的、一流的播客

"类配偶"测试（兴奋度）

玛塞拉表示支持。"你喜欢跟新朋友聊天，而且你也擅长于此。我觉得不错。"很开心听她那样说。她的热情回应，无异于又给我打了一针兴奋剂。

"终极意义"测试（重要度）

创建一个全新的、一流的播客是为了发现新的声音、获取智慧、帮人们爱上读书。我由衷地相信，这个项目能够更多地为这个世界付出而非索取。创造平台，让大家听到新的、不同的声音很重要。但我不确定自己是否已经建立了这种连接。而我的理由也让人多少感觉有点理智多于本能。因此这方面或许还得做点功课。

"金发姑娘区 - 适居带"测试（艰巨度）

嗯，这个很有意思。"创建一个播客"的目标并不让人觉得十分艰巨，我早就建过一堆了。所谓"一流的"，的确提高了些价码，但仍然有些抽象。所以这方面也还得继续改进。

价值目标 2 初稿：不再担任蜡笔盒公司首席执行官

"类配偶"测试（兴奋度）

这个想法让玛塞拉非常激动，并表示这是她自己的计划（得记住，有用）的一部分。而她同时也调侃我，让我多想想卸下首席执行官这副重担后那些越发潇洒的日子。

"终极意义"测试（重要度）

蜡笔盒是一家目标驱动型的公司，其使命是帮助组织从建议驱动向好奇心引领的行动模式转型。但要回答那个"为什么"问题，答案是"是为了帮助职场创造人文环境"。我坚信我们能够实现这个使命。但假如我继续担任首席执行官，而我又不具备发展和壮大公司的专业技能或明确目标，那就会让我们想要对其他组织产生影响的梦想受到致命的打击。但这还不算完。

"终极意义"测试还涉及另外一个层面，那就是我要下决心，学会放弃权力并重新定位自己的身份，也就是要想方设法地邀请那些原本机会渺茫的外人来担任首席执行官一职。这一目标的实现，绝大程度上关乎决心。

"金发姑娘区－适居带"测试（艰巨度）

一想到自己要从干了二十来年的岗位上退下来，那是相当恐怖。尽管如此，我想这也不是完全不可能。

经过 3 个测试之后，你接下来该为你的价值目标写更切合实际的第 2 稿了。除了基于"类配偶"、"终极意义"和"金发姑娘区－适居带"3 个测试收集的反馈对价值目标进行调整之外，我还要另外给你一个挑战：我要求你的第 2 稿以动词开头。

以动词开头设定价值目标，才能表明你有行动的决心。将结果定义清楚：它能帮你指明正确的方向，并点燃你的热情。这也是为何我们现在在这一步上花费大把时间的原因。但只有经历过程，你才能取得进步。唯有迎难而上，方能成就伟大。

以动词开头写出的第 2 稿会更切合实际。你可以从下一页的那张动词表中按需选取。

为你的价值目标选取合适的动词

开 始	建 立	启 动	去 除	发 起
敢 于	聘 用	开 启	结 束	创 造
打 破	点 燃	生 产	改 变	重新改造
召 唤	要 求	伸 出	挑 战	嫁／娶
放 弃	抗 议	提 升	记 录	解 决
合 作	打 造	离 开	重 构	创 建
改 造	追 逐	打 断	关 联	介 入
联 合	收 割	抓 住	研 究	跟 随
教 导	重 返	鼓 动	冒 险	解 除
提 供	重 置	发 布	筛 选	写
对 抗	下决心	摒 弃	邀 请	违 抗
领 导	加 入	释 放	组 织	回 归
重 启	引 发	构 建	连 接	合 伙
放 手	解 放	约 请	远 离	从 事
创 立	登 记	热 爱		

评估 3 项测试的结果

通过检验"兴奋度"、"重要度"和"艰巨度",这些测试将有助于你从不同角度审视自己的初稿。10 分钟即可完成。

1."类配偶"测试(兴奋度)

当你将你的价值目标告诉你的类配偶型角色时,对方是什么反应?你觉得对方是什么意思?哪些你认同?哪些你不认同?

....

....

....

....

....

....

....

....

....

2."终极意义"测试（重要度）

当你针对自己的价值目标提出"是为了……"这个问题并补全答案之后，你发现了什么？答案听起来是否有关某个更大的目标？你是否相信它？还是说它有点让你晕头转向？你的价值目标所蕴含的重要性是否逐渐变得清晰起来？

....

....

....

....

....

....

....

....

....

....

3. "金发姑娘区 – 适居带"测试（艰巨度）

当对自己的价值目标进行衡量时，你感觉它是否恰到好处？是否既没有宏大到无法实现，也不至于抽象到无法落地？另外，它是否过于沉重，又或者是过于轻佻？

....

....

....

....

....

....

....

....

....

....

....

以下是我的更切合实际的第 2 版。

价值目标 1 初稿：创建一个全新的、一流的播客

我正设法对自己创建一个全新的、一流的播客的最初目标进行微调。在"十分艰巨"这方面，它显得有些苍白。它还需要一个更有说服力的动词来加以描述。想到所有这些，我修改出了第二稿。

价值目标 1 第 2 稿：创立一个全新的、专业级的播客

"创立"（launch）对我而言是一个有用得多的动词，因为它将焦点转放到了"立于世界之林"上，而不仅仅是"创建"（create）某样东西。"专业级的"则指向更为明确。

"一流的"有点含糊，这方面不管做什么、怎么做，事后我都可以为自己合理辩解。"专业级的"则界限更为明晰。

价值目标 2 初稿：

不再担任蜡笔盒公司首席执行官

"不再担任首席执行官"意指将要发生的事情，但表述太过狭隘。毕竟目标不仅仅是我卸任首席执行官的角色，还意味着要找到一名新的首席执行官，并让其成功接手。

价值目标 2 第 2 稿：

设法完成首席执行官角色的转型

这一描述更接近真实挑战。毕竟，不当首席执行官太简单了，你只需要不当就行了。但解决转型问题呢？这才是真正的难点所在，也是成功和失败的关键所在。

写下你的第 2 版价值目标

基于 3 个测试和动词的选取调整你的价值目标。10 分钟即可完成。

勇敢地大步向前，追求那些真正有
意义的东西，放开那些与我们的幸
福和生命的意义毫无瓜葛的事情。

《向上的奇迹》（*Mojo*）

第 3 步

目标明确才能有行动的决心

给你的价值目标打分

接下来你将针对自己的价值目标做最后一项工作，使其尽可能地接近真正体现令人兴奋、意义重大、十分艰巨 3 个要素的最终稿。再经过最后一次润色，你便能宣布胜利了。

这最后一项工作便是通过"打分测试"评估你的价值目标是否足够明确。

我之所以称之为打分测试，是因为我的前提是，假如最终测试得分低于 18 分，即说明你的价值目标还不够明确。这是不断接近一个真正强大的价值目标的关键步骤。

以下是我对我当前价值目标版本的打分过程。

价值目标 1 第 2 稿：创立一个全新的、专业级的播客

令人兴奋： 4 / 7

我之前就做过播客，所以我的感受也谈不上有多新鲜和激动。

意义重大： 5 / 7

我的愿景是找到新的声音和观点与世界分享，将这个播客打造成传播理念的强大渠道。

十分艰巨： 5 / 7

"专业级"绝对比"一流"提出了更多、更高的要求。但实话实说，我也不十分清楚"专业级"的意思。只能说大致了解，却也不知该如何衡量。因此这对我来说还不能算是落地，只是意思近了些。

合计得分： 14 / 21

价值目标 2 第 2 稿：设法完成首席执行官角色的转型

令人兴奋： 4 / 7

坦白讲，这完全取决于个人，就好比你选择从左边还是从右边下床。具体到这个目标的打分，有时候是 1 分，有时候是 7 分！不过总的来说，一想到不当这个首席执行官，我的兴奋要多过害怕。但"设法完成转型"对我来说可不是一句令人兴奋的话。所以，我就打 4 分吧。

意义重大： 7 / 7

蜡笔盒公司若要壮大、兴旺并产生应该有的影响力，诞生一位新的首席执行官至关重要。承认这一点多少有些令人沮丧，但假如我仍占着这个首席执行官的位子，那么我确实不具备带领公司发展到上述境界的专业技能和明确目标。

十分艰巨： 6 / 7

对我而言要分两个层面来讲。第一个层面，我还不知道该怎么做，也不敢贸然行动。但是，有人知道怎么做，我可以请教那些人。那么这个层面可以打个 4 分或 5 分。第二个层面，真正实施起来的难度毫无疑问是 7 分满分。所以我就打 6 分吧，折中一下。

合计得分： 17 / 21

静下心，仔细思考，再给价值目标打分

请针对每一项要素，对你目前的价值目标进行打分，每项满分 7 分。最终你会算出一个总分（满分 21 分）。请勿把分数打得虚高：结果是为你自己服务的，你的目的不是为了拿高分去跟别人炫耀。你只是要搞清楚自己的价值目标离满分有多远。5 分钟即可完成。

令人兴奋： / 7

理　由：

意义重大： / 7

理　由：

十分艰巨： / 7

理　由：

合计得分： / 21

设立 6 类关键词，更能引燃内心火种

在多伦多我最喜欢的餐馆之一是沙拉王（Salad King）。这家餐馆的菜单上有个"辣度指数"，从辣度 1（微辣）到辣度 3（中辣）一直到辣度 20（超辣）。就我的经验而言，只要加一个词就能大幅提升价值目标的"辣度指数"。

打分测试能帮你调整你对自己的价值目标的认知。它能帮你在处理细节的时候跳出主观偏见，让你在对标 3 个要素时更加客观冷静。无论你打多少分——哪怕就像我见过的某个人打分，总分 21 分他打了 26 分——最后一关还是要看能否再加一个词或短语，能让你的价值目标更有力量且更加聚焦。

当然，没有哪个词能放之四海而皆准。但有 6 类不同的关键词供你考虑是否有机会再对当前的价值目标版本进行微调。你会发现所谓的调整并非总是奔着更大、更强、更广的方向去的。事实上，力量源自更加明确具体的参数设定。设立一些限制反而能够点燃火种。

1. 决心信念（Commitment）

要更明确具体地表述你愿意付出多大决心。可以用时间、精力或金钱来衡量，也可以是精神上的投入。

2. 影响范围（Reach）

要更明确具体地表述你愿意产生多大的影响力。可以是受众的人数，也可以是地理概念上的范围。

3. 时间节点（Time）

要更明确具体地表述目标实现将花费多长时间，或者说你何时将抵达某个阶段。

4. 施展余地（Scope）

要明确定义阶段目标的大小和努力频次。它能帮你在天马行空之际踩一脚刹车。

5. 实现标准（Standard）

要更明确具体地表述你的价值目标最终想要达成的质量。这通常是一种内在的、主观的衡量。

6. 追求结果（Outcome）

要更明确具体地表述你渴望的结果。这更多是一种外在的、客观的衡量。

下面提供了一份清单（见表 3.1），方便你着手修改。不过在思考第 3 稿和终稿的时候，也别过度使用。这可不是什么形容词自助餐，就选一个能给你的价值目标注入活力的词或短语吧！

表 3.1　为你的价值目标赋能的 6 类关键词

序号	分类	关键词
1	决心信念	全天候的；一周 4 小时的；专心致志的；醒着的每时每刻；举团队之力；满心欢喜的；全力以赴。
2	影响范围	当地；全球；世界范围；1000 名活跃粉丝；1000 万粉丝。
3	时间节点	明天之前；3 月份之前；6 周之内；年底之前；2050 年之前；我去世之前。
4	施展余地	一次性的；一年一度的；一系列；连锁的；每个月初和月中；定期的。
5	实现标准	专业级的；杰出的；完美收官的；非凡的；足够好的；可胜任的；优雅的；手工制作的；逐步发展的；慷慨的；亲切的；坚定的。
6	追求结果	赢利的；赢利颇丰的；可持续的；落地的；获批的；被认可的；有帮助的；自由的；前 3% 的；畅销的；经典的；变革性的；长盛不衰的。

以下是我的最终稿：

价值目标 1 第 2 稿：

创立一个全新的、专业级的播客

这一版价值目标我改了又改。我一度将其扩展为成立一家拥有全品类内容的播客传媒公司。后来我又缩小了范围。我尝试使用了各种形容词，但一篇文章最终激发了我的灵感。文中说，不管你要做什么事情，要成为该领域顶尖的 5% 并没有听上去那么难。

经过研究我发现，要问鼎播客前 3% 就意味着每条播客自发布起 1 个月内得有 1 万次的下载量。我喜欢这种特定性的表述。我也期待接下来为实现目标所做的一系列动作，比如把控内容质量、创新发布方式、拓宽营销渠道、组建项目团队，等等。这样一来，根据这个价值目标设定的标准就和我之前做过的任何播客项目都完全不同了。

价值目标 1 最终稿：

创立一个在 12 个月内问鼎行业前 3% 的播客

这一版价值目标现在的合计得分为 19／21。

令人兴奋：6；意义重大：6；十分艰巨：7。

价值目标 2 第 2 稿：

设法完成首席执行官角色的转型

就价值目标而言，这一版仍然有些苍白，甚至比初稿还有所退步。在绞尽脑汁写最终稿时，我深度关联了"终极意义"测试：做一个勇敢放弃权力而非紧拽着权力不放的人。这是我找到的突破口，它实实在在地强化了目标的"意义重大"，也让"令人兴奋"这一条的得分飙升至 7 分。

价值目标 2 最终稿：

成为一个谦和、大方、值得信赖的权力交接榜样

这一版价值目标分数合计是妥妥的满分 21 / 21。

令人兴奋：7；**意义重大**：7；**十分艰巨**：7。

写下你的第 3 版价值目标

走到这一步你已经非常棒了。那么现在，就用你学到的所有知识，包括借助已经完成的打分测试，着手改写你最强的终稿吧。记得你还可以选择加一个词或短语，10 分钟即可完成。

....

....

....

....

....

....

....

....

....

....

我们要的是"够好"

做完最后这个练习，你可能马上就能完成价值目标。但你或许又在想："近是近了，有趣也挺有趣，但总觉得还差那么点儿意思。"加了那个词或短语之后，价值目标反而显得有些浮夸了。听起来确实很了不起，但也许现在又变得太过艰巨，让人感觉希望渺茫，甚至产生消极情绪。

现在你可以做个选择：全力推进，或者先按兵不动，再多花点时间完善你的价值目标。但在选择之前，你得先搞清楚自己努力的方向和标准。在你早已全力投入之际再提醒你这一点，可能是有些怪异。总之，请记住，不管实际情况如何，"完美"不是我们追求的标准。**追求"完美"只会让你停滞不前。**

事实上我们要的是"够好"。"够好"也是一种很难把握的标准，因为多数情况下它听上去跟"还不是很好"非常相似。有时，"够好"意味着已经及格了。如果你还是有所怀疑，你可以对照下一节中的标准清单，验证一下你的价值目标目前处在哪个阶段。

假如你发现你得花更多的时间完善价值目标，那么你可以重新走一遍前面的流程，给足时间。你可以慢慢来，但要全力推进。你还可以找个朋友，或教练，或老师，甚至酒吧里某个友好的陌生人，让他们帮助你走一遍设定价值目标的流程。你离成功只有

"一步之遥"了，因此现在不能止步不前。

假如你已准备好朝前走了，倒不妨小憩一会儿，因为到下一章你就得下决心了，而且一开始的现状评估就会让你觉得略微有些尴尬。

你是否准备好朝前走了？一份标准清单

本书的行动流程的下一步是：下定决心。你如何判定自己已经准备就绪？

假如你的价值目标的最终稿达到了下列标准，那么就说明你已准备就绪并迫切希望朝前走：

◎ 表述极为清晰

◎ 态度十分坚决

◎ 大繁化简

◎ 让人大呼"绝对错不了！"

◎ 不容争辩

◎ 无可抵挡

◎ 愿意全力以赴

假如你的价值目标的最终稿达到了下列标准，那也足以让你放手前行了：

- ◎ 够好

- ◎ 扎实

- ◎ 值得一试

- ◎ 内涵已经足够

- ◎ 可执行

- ◎ 基本正确

坚持不懈地朝目标前进，直至变成现实。不用害怕，因为你不可能失败，你只会获取更丰富的经验，成长飞快，变得更好。

《早起的奇迹》（*The Miracle Morning*）

COMMIT

第二阶段

下定决心

你审视人生的每一步都在为生命增加质量

吸气，呼气。

你已论证充分、胸有成竹、思路清晰，是时候下决心了！

深呼吸

假如你去观察任何人在即将做某件重要的事情之前的状态，你会发现他们都会让自己先深呼吸，吸——然后呼气。呼气是为了让自己最后一次厘清思路下定决心。

奥运会游泳运动员在登上出发台，听发令枪响之前会深呼吸；演讲者被叫上场之前在舞台两侧候场时会深呼吸；练瑜伽的学生在开始前摆姿势时会深呼吸。你手指按在鼠标上，看着光标在提交键上方悬停时会深呼吸。这就像你在脑海中想象自己撸起袖子的样子，然后说：好了，时间到。咱们开干！

在这一阶段，我们会稍稍放慢点脚步，把这一刻拉宽、拉长。定义好价值目标后，你们当中的有些人可能已经迫不及待要出发了，但此刻正是你再度审视自身决心的时机。

以下是该阶段你要经历的 3 个步骤。

1. **辨明立场。**我故意选了个有些严肃的表达，是为了督促你审视过去和当下，确定你现在所处的位置。

2. **评估现状。**假如你对当前影响自己决心要做的事情的因素缺乏足够了解，不清楚现在是不是追求价值目标的最佳时机，那么你就不可能轻松上阵。因为可能还有更多更深层次的因素在影响着你的决心，它们远比你意识到的要多。

3. **评估未来旅程。**这也是你追求价值目标前需要做的。在决定跨越门槛之前，你要权衡利弊、对结果有一定的预判，你需要知道未来旅程中会遇到哪些情况。

人 生 需 要 被 计 划

HOW TO BEGIN

第 4 步

辨明立场，承认曾经的失败和当下的阻碍

若不清楚自己的起点，只会举步维艰

戴夫·斯诺登（Dave Snowden）是复杂性决策和战略管理领域的哲学专家。他是威尔士人，于是他名正言顺地用威尔士语给自己的模型理论取名为"Cynefin"，即"库尼文"理论。很少有人知道这个词怎么发音，知道定义的人就更少了。跟我最喜欢的诸多思想家一样，他才华横溢又浑身是刺。

2020 年 10 月，戴夫在社交平台上发文：

> 假如你真想有所作为，那就别再成天给事情应该怎么做下一堆理想主义的定义。那些东西最终免不了都会成为毫无意义的陈词滥调。相反，你得专注于理解当下、审慎前行，逐步引导事物朝着更好的方向发展。

"理解当下。"若不清楚自己的起点，你要想实现价值目标，只会举步维艰，甚至毫无可能。在出发前花时间近距离审视一下自己当下的状态、心境和决心，是极有益处的。

我得把话说在前头：这一阶段的流程，不但"烧脑"，而且恼人。它逼你检视你面临的阻碍，让你自揭伤疤。这就意味着你得像走钢丝一样小心并掌握好平衡。

我这样做不是为了让你难受或者自我贬低，但也不亚于设了个完美的局让你遭受一顿"暴捶"。同时我也不想让你跳过这一步，绕开这项必不可少的关键工作。因此你在按照本阶段的步骤前进时，务必要把握好平衡：既要坚定不移头脑清晰地寻找真相，又要在这个进程中善待自己。

先来看看你有哪些仓促上阵的情况：即你对实现诸如价值目标之类的事情，做过哪些三心二意或事与愿违的尝试。

通往失败的路上，你都做过哪些"努力"？

你以前肯定宣称过想要做点真正有意义的事情，那种令人兴奋、意义重大又十分艰巨的事情。你可能在除夕夜和家人朋友聊天的时候，也可能在你的灵感和抱负交织在一起的其他某个时刻，说过这样的话。

仿佛有人拽着你的衣袖，轻推着你说：要敢想敢为，勇于追求，矢志不移。但大多数时间你都进展甚微，甚至干脆毫无进展。你在下列各种原因的裹挟中被击垮，停滞不前：你不知道从哪里开始；你不知道该请教谁；你求取资源和帮助，但被拒绝了；你几番仓促上阵，最后信心全无；你被讥讽不是那块料；你对制订的计划不自信；你无法快速掌握技能；你后劲不足；你心烦意乱；你决定"暂时"先放一放；你被迫放弃。

更糟的是，你很可能还对自我改变和个人提升有所了解——读过几本书，看过几场演讲，关注过一些风云人物，订阅过播客和公众号简报。你或许还请过教练，甚至还想成为教练。"那我这是怎么了？"你会想，"怎么连这件事我都搞不定？"

你可千万别像往常一样，拿块抹布把这些"仓促上阵"的经历匆匆拭去，或者轻易将其"忘记"。相反，你要将这些故事扒开来，再好好看一看。你可以问问自己，"我以前在哪儿遇见过类似的情形？"记下你曾有意无意立过的所有价值目标的所有版本及与之密切关联的所有信息，雷声大雨点小的，或从未真正启动的；束之高阁的，或封存抽屉的；被人嘲笑的，或失去兴趣的；再而衰三而竭的。

要承认那些让你灰心、丧气、抓狂、错乱、卡壳的时刻。 我自己就曾无数次走进死胡同，需要重新找条路再出发。

价值目标 1：

创立一个在 12 个月内问鼎行业前 3% 的播客

说到办播客，我"仓促上阵"的经历可谓精彩纷呈，同时也略显尴尬。我曾一度兼营 6 个播客，除了"伟大的工作"（The Great Work）这个有 350 条内容的播客还算坚挺之外，其余 5 个都半死不活。

假如跳出"播客"这个概念，我发现我之前的"仓促上阵"与问鼎行业前 3% 的理念还挺贴合，包括挖空心思做各种线上广告，投入不菲，收效甚微；数度意向合作，谈的多，成的少。这样的例子不胜枚举。

价值目标 2：

成为一个谦和、大方、值得信赖的权力交接榜样

我之前从未放弃过担任首席执行官，因此并无任何类似的真实感受可言。但这个价值目标事关一次值得信赖的权力交接，其实我过去也有在这方面做得比较不堪的案例。

自我反省了一下，我发现自己过去主要有 2 种行为模式。

第 1 种模式是"丢下就走"：幻想接替者总能够读懂我的心思，知我所想，我只需交代一下便可撒手不管，对方就能成功接手。我这样自以为是了好多年。

第 2 种模式则走向了另一个极端：从头管到脚。名义上授权，但有些东西始终攥着不放，比如决策权。换句话说，进行了一通虚假的权力交接，本质上是甩出了一堆我自己不想做的事情，而真正跟权力有关的一切细枝末节都在我手里捏得死死的。

承认自己仓促和不堪的经历

像之前层次清晰地描述价值目标一样，你要将你"仓促上阵"的相关经历罗列出来。当然过犹不及，你会发现在这上面花的时间和精力越多，收效反而越小。我认为抓取 2~6 次"仓促上阵"的经历还是有所助益的，足够给你一些思考的依据。

假如你没什么可记的，那也无妨。很可能是因为你现在的价值目标涉足的是一个全新的领域，完全不同于你之前尝试过的任何类别。但在你确信这方面确实没什么可记的之前，还请认认真真、扎扎实实地再审视一遍自己。10 分钟即可完成。

成群的"蚊子"也能击沉大象

我的祖母是我认识的第一个作家。她是一位英语古典文学学者，住在英国牛津，为大人和孩子写书，同时也给当地的报纸写八卦专栏。她的笔名叫作库蚊（Culex），即拉丁语的蚊子。

蚊子渺小而强大。安妮塔·罗迪克（Anita Roddick），英国品牌美体小铺（The Body Shop）的创始人，曾有过一句名言："**如果你觉得自己太渺小所以没有影响力，那你就在房间里和一只蚊子一起睡试试。**"相信每年 2 亿多的疟疾患者都会认同这个说法。

你的价值目标也被大量的"蚊子"围绕着。这些"蚊子"指的是你当下在做或未做的所有事情，它们都有悖于你为自己设定的价值目标。你会发现它们数不胜数。有些微不足道，有些影响巨大。单个"蚊子"不足以致命，但当它们群起而攻之，便能刺痛你、削弱你、拖累你，让你无法专注于你的价值目标。

这个步骤要求你坦承所有影响你的"蚊子"。这或许比几分钟前要你罗列那些"仓促上阵"的经历还令人尴尬，但至少那些还是基于你的切身体验的。

罗列"蚊子"的过程会更让你痛苦。这是种自我忏悔，承认自己的某些行为正在大力侵蚀自己的价值目标，谋害自己的抱负，击沉自己的梦想。

你可能想告诉我，你正在做的一堆事情，都是奔着有利于实现价值目标的方向去的。我向那些事情致敬，也向你致敬。但是恕我直言，我并不关心你眼下做得对不对。此刻，我只对你的"蚊子"感兴趣。

以下是我的"蚊群"。

价值目标 1：

创立一个在 12 个月内问鼎行业前 3% 的播客

我做的那些有悖于价值目标的事情：花钱聘请了一名顾问却无视她的建议；立了一个标准但很快便降级缩小自己的抱负，把播客越做越小；另开了一个无关紧要的播客，回到自己习惯的小规模运作方式；对邀请参与那个无关紧要的播客的那些嘉宾谨小慎微；买了昂贵的播客设备却不学习如何正确设置；拒绝搞明白营销是怎么一回事……

未做的事情更是不胜枚举：没有确定播客的愿景；没有设定预算（时间或资金）；没听过其他"标杆"播客；没有聘请专业的播客代理；没有参加播客大会；没有学习播客营销；没称自己为播主；没有开发发行伙伴……

价值目标 2：

成为一个谦和、大方、值得信赖的权力交接榜样

我做的那些有悖于价值目标的事情：让香农接任首席执行官时，我太过专注于她当前的角色而没时间思考新的角色；跟她的会晤准备不足，因此我们之间的交接计划进展缓慢；哪些项目和知识产权将继续留在蜡笔盒公司，哪些我可以在打算成立新公司的时候带走，对此我仍模棱两可。

未做的事情：没有确立正式的交接时间；没有设立决策层；没有定义接任的首席执行官的角色；没有区分我要放弃和维持的事项；没有筹划"离开蜡笔盒公司后的生活"。

捕捉困扰你的"蚊群"

列举你目前在做或未做的无益于实现价值目标的事情，无论大小。你要写下具体而实际的事情，包括想法和行动。

刚着手练习时，难免会进展缓慢，先思考 5 分钟，有了思路之后，你就能顺利推进。以我个人的经验，一旦开始，忏悔起来便思如泉涌。等到了列举不下去的时候，就问问自己："还有哪些？" 10 分钟即可完成。

想法   行动

....

....

....

....

....

....

....

....

....

2 种方法避免过度自我批判

罗列过去和现在所有那些有悖于你的价值目标的行为确实很艰难，但很快这个过程就会变成一种自我批判。

你可以因"仓促上阵"而责骂自己："每次都是步履蹒跚，没多久便跌倒。重蹈覆辙。"但当下正在谋害你自身抱负的"蚊子"，则能引发一番更尖锐的内心独白。

萦绕在我脑海中的版本如下："你究竟是哪里犯了毛病，迈克尔？你可是成年人！你接受过良好教育，还是拿过罗德奖学金的人！你竟然干不好这个？你简直就是智商掉线、心神涣散、自律缺失、骨气全无。真不知道你躺在哪门子的功劳簿上，但你应该清楚自己是在睡大觉吧？天哪！你是怎么把骗过的人又骗到这里来的？你就是这种货色——裹着件扎眼的花衬衫还一肚子借口。"

你也会有这种自我批判的时刻。我们要将其扼杀在萌芽状态。**花时间责骂自己，只会让实现价值目标的道路更加艰辛。**下面有2 种方法供你选择，以调整精力，绝处逢生。

1. "这一切是多么迷人"

当流浪者合唱二人组（Outkast）唱出这样的歌词时，"请你将双手举向天空挥舞，就仿佛一切你都毫不在乎"，他们应该窥探出了超越老派嘻哈的奥秘。《可能性的艺术》(*The Art of Possibility*)一书的两位作者,则更是将这种行为向前推了一大步。他们建议人们在遭遇不顺时,可以将双手举向天空喊道:"这一切是多么迷人!"

"举起双手向天空挥舞,高喊'这一切是多么迷人'"会激发你的好奇心。这种行为鼓励你视逆境为一种反馈而非失败,引导你不要把一切都抓得紧紧的。你仿佛给了自己一种心理暗示,这都会过去。自你说出"这一切是多么迷人"那一刻起,你就会有所感悟,学会放手。

这是一种很有效的方法,适用于各种情况。但是为什么说你在面对"仓促上阵"和"蚊子"之时不妨更加善待自己,还有一个更深层次、更系统性的原因:它们是我们的探险征程中不可或缺的部分。

2. 英雄拒绝出征!

你可能听说过 20 世纪神话学大师约瑟夫·坎贝尔(Joseph Cambell)的《英雄之旅》(*The Hero's Journey*)。该书是"迎难而上,成就伟大"这类叙事模式的典型代表。该模式大体来说,就是带你进入某个未知世界,击败反派,最后载誉而归,破中求立,重启光明之境。

然而，所谓英雄之旅并非通过大门进入另一个世界，然后一路杀敌直至大获全胜那么简单。这样太过顺风顺水，更是严重忽视了其中毋庸置疑的一步——英雄在收到召唤的第一时间，他们通常是拒绝出征的。

英雄拒绝出征！ 我之所以喊得这么响，是因为我想让你将这句话作为流程的核心部分加以重点关注。

此刻你或许已经感受到了这种焦虑。一方面，当你怀着双重抱负，为自己也为这个世界定义价值目标时，你会为自己的理想兴奋不已。你会期待做出改变，放下拖累你的东西，自我调整，准备令人刮目相看。让反派都放马过来吧！

另一方面，你可能会对自己的理想怀有憎恶。这种想法比你能意识到的还要强大，它会反映在你的身体上。你可能会缩头缩脑，或者呼吸急促。你也可能会像我一样，不停地抖腿。

但你可以用一种更好的方式重新诠释你的自我批判。它们不再是某种丧失勇气和缺乏品格的表现，相反，它们恰恰证明，你正前行在一条重要的道路上。

你的价值目标确定无疑地值得你去追求。在追求那些令人兴奋、意义重大、十分艰巨的目标的过程中，勉强和犹豫的情绪无可避免。

当你意识到自己的抗拒，感觉自己在面对未来的种种艰难险阻时想要止步不前，也不必苛责自己。这些都不能说明你是个失败者，都只是你内心一个确认的过程。

你已记录下自己过去和现在的所有行为，注意到自己的抗拒情绪以及谋害自身抱负的种种表现。然而仅靠希望，你是无法做到对价值目标怀有坚定追求的。那么你该如何实实在在地下定决心？方法是对"放弃价值目标"可能造成的后果进行评估。

给"坏想法"命名，进而摆脱它。
用恰当的方式适应瞬息万变的生活。

《复原的力量》（*Micro-Resilience*）

第 5 步

评估现状，对是否坚持目标做出清晰选择

我们对现状的依赖远超自己的想象

想象一下当你放弃追求价值目标时的情形。想象一下依旧在咬你的"蚊子"。想象一下你眼睁睁地看着机会从眼前溜走。

直指这种可能性，也许会让你感觉到自己的无能为力。但坦诚地面对这个问题，是流程所需。我们放弃追求价值目标，通常有非常实际的理由——所谓的"得"。

我们对现状的依赖远超自己的想象。唯有彻底理解自己内心深处无法言说的那份执着和承诺，你才能撼动这种依赖带来的控制。

同样，我们放过评估现状的机会，也有非常实际的理由——所谓的"失"。唯有明白放弃追求价值目标对自己和他人的影响和代价，你才能坚定前行。

通过评估现状，你可以对比放弃追求价值目标的"得"与"失"。而评估的过程，会让你对于坚持还是放弃做出更清晰的选择。

你所维系和保全的，让你虽胜犹败

大体来说，放弃追求价值目标的"得"，即让你这辈子到目前为止所得到的一切都得以维系。表面看来我们每个人都各不相同，但我们内心隐含的想法是一致的。你所维系的，无非就是熟悉的身份、舒适的地位和掌控的特权。你所保全的，无非就是隐藏脆弱和不安全感。

放弃追求价值目标的"得"，可能会包括不打破别人对你的看法，或者不让他们对你失望；不必突破自己的经验、能力和信心的边界；可以想方设法地逃避困难，不是谨小慎微、逆来顺受，就是漫不经心、玩世不恭。

我一度喜欢将这些"得"称为"虽胜犹败"，因为尽管它们在关键时刻的确为你带来了一些东西，但几乎都是得不偿失的胜利：保全了自己和他人的自尊；按他人的规则行事；始终躲躲藏藏。

以下是我的现状评估，你会发现为何它对我影响如此之大。

价值目标 1：

创立一个在 12 个月内问鼎行业前 3% 的播客

假如我放弃追求这个目标……

◎ 我可以有更多选择，有时间去做其他项目。

◎ 我可以继续讲述我这个"业余玩家"的故事。

◎ 我不用冒失败的风险，将自己在播客方面的无知无畏暴露无遗。

◎ 我无须面对自己并无多少粉丝的事实。

◎ 我无须冒自己"成功企业家"标签被撕下的风险。

◎ 我无须冒聘请新人并且信任他们的风险。

◎ 我可以捂住自己的钱袋子，无须冒投资失败的风险。

◎ 我无须将自己包装成一个"有影响力的人"去"到处兜售"，也无须去了解市场营销。

◎ 我可以不停地劝告自己，《巨人的工具》（*Tools of Titans*）的作者蒂姆·费里斯（Tim Ferriss）这样的人跟我不一样，我永远不可能像他那样成功。

◎ 我自己的思想和信念无须被访谈嘉宾所挑战，更别说他们看世界的角度和我完全不同。

从中我注意到了什么?

很多过去的经历依然撩动着我的内心,告诉我已经做得很不错了("玩票玩成这样,很棒了。""你好歹有些粉丝。""你知道如何成为企业家。")。这些经历大多未经检验,但于我而言依旧弥足珍贵。始终活在这些经历里让人觉得舒适。

价值目标 2:

成为一个谦和、大方、值得信赖的权力交接榜样

假如我放弃追求这个目标 ……

◎ 我可以维持作为一个公司创始人和首席执行官的身份和地位。

◎ 我可以继续受益于自己组建的技术专家团队的专业贡献。

◎ 我可以继续作为一家快速发展的公司的一分子,和我喜欢的人一起共事。

◎ 我可以继续因为蜡笔盒公司的成功而获得荣耀。

◎ 我可以用各种不起眼的方式确保公司文化的传承，从公司的价值观到我们的营销话术。

◎ 我可以继续掌控很多事情！

◎ 我可以无须理解放弃权力意味着什么，直到现在我都不确定自己搞明白了没有。

◎ 我可以无须跳出蜡笔盒公司，无须为自己制作一个全新的身份。

◎ 我可以无须冒这个险，暴露自己其实无力把控好这种权力交接，多数创始人权力交接过程中的坑，我一个都没少踩。

从中我注意到了什么？

在首席执行官的角色上我相当自负。但最让我焦躁不安的是所谓的权力交接，每次谈到实际操作我都不是很有把握。

识别维持现状的"得"

你放弃追求价值目标能得到怎样的好处？何为"得"？何为"虽胜犹败"？我知道这是一项艰难而沉重的任务。给自己一点时间思考，你挖掘出来的东西将非常有用。10 分钟即可完成。

列举这些之后，你有何想法？你注意到了哪些问题？

....

....

....

....

....

....

....

....

....

....

....

....

....

放弃追求目标，也要支付代价

分析完了"得"，接下来我们也得用类似的方法分析一下"失"。

我们来看一下，假如你选择放弃跨越门槛、放弃追求价值目标、放弃这段探险征程，你要付出怎样的代价。本质上这可能意味着未来诸多可能性的破灭，你将失去一次成就伟大的机会。

而支付代价的，不仅仅是你自己，还有他人。假如只关乎你自己，那么找各种模棱两可的理由来支撑选择的合理性要容易得多。我们可以退回到过往的各种经历里头，用所谓的受害者、拯救者或其他什么角色来证明我们承受这种代价的合理性。

你的价值目标"意义重大"便意味着，无论你是否追求价值目标，其结果都将影响到他人。假如放弃追求价值目标，你必须为我们所有人的损失担负责任。

以下是我注意到的关于自己的价值目标的一些问题。

价值目标 1：

创立一个在 12 个月内问鼎行业前 3% 的播客

假如你放弃追求这个价值目标，会有哪些"失"？将会付出怎样的代价？

对我而言

- 出版《关键 7 问》一书自然而然将成为我事业的巅峰，然后从此一泻千里。
- 我将不会遇到那些才华横溢的作者和思想者。
- 我将不会掌握一门新的专长。
- 我将失去"让自己成为理念的译者、智慧的使者"这一绝佳的想法。
- 我将把余下的工作生涯都花在一些小规模的项目上。
- 我将无法一直运用自己的运气、特权和能力去做有意义的事。
- 我将不会践行自己所倡导的那些理念。

对他们（那些以某些方式直接与播客互动的人们）而言

- ◎ 与这个播客相关的职位将不存在，比如制作人和主播。
- ◎ 对于那些想要和人们分享自己佳作的作家来说，将失去交流作品的机会。
- ◎ 对于播客的听众来说，将失去和新的思想者以及作者接触的机会。

对我们（扩大至世界范围来说）而言

- ◎ 看短视频的人越来越多，读书的人越来越少。
- ◎ 勇于投身新项目并愿意分享经历的榜样越来越少。

从中我注意到了什么？

在这当中我自己要付出的代价绝对是最昂贵的。清单中所列的"失"，甚至开始让我觉得仿佛背叛了自己希望坚守的某些核心价值观。"他们"和"我们"要付出的代价倒不是太让我焦头烂额，但将其列出，仍然有助于我更加清晰地理解价值目标背后那个更大的"为什么"。

价值目标 2：

成为一个谦和、大方、值得信赖的权力交接榜样

假如你放弃追求这个价值目标，会有哪些"失"？将会付出怎样的代价？

对我而言

- ◎ 我将无法看到蜡笔盒公司发展至潜力顶峰的那一天。
- ◎ 我将陷入扮演一个并不擅长的角色而不能自拔。
- ◎ 我将导致优秀人才离开公司，因为我会成为他们的瓶颈。
- ◎ 我将失去开发新项目的机会。
- ◎ 我将失去一次自我重塑的机会。

对他们（下一任首席执行官香农，以及蜡笔盒公司的团队和文化）而言

- ◎ 香农将失去一次发挥潜力担任领导者的机会。
- ◎ 香农会在我的领导下感到束手束脚、施展不开。
- ◎ 我们将无法践行一直在蜡笔盒公司宣扬的那些理念。

对我们（扩大至世界范围来说）而言

◎ 让人们的工作变得更加美好的决心和愿望将消退。

从中我注意到了什么？

主题很简单，也是老生常谈：如果我不这样做，付出的代价就是蜡笔盒公司对世界的影响力将大打折扣。

识别维持现状的"失"

假如放弃追求价值目标，你和他人将付出怎样的代价？回顾一下你在做"终极意义"测试时写下的一些备注，那是非常有用的材料。当时你为了回答"是为了……"而写下的内容，即可作为此刻这个步骤的部分答案。给自己多一点时间，完成这重要的一步。

完成这项练习需要多久？大约 10 分钟。

你付出的代价是什么？

....

....

....

....

....

....

....

....

....

....

....

他们（那些直接受影响的人）付出的代价是什么？

....

....

....

....

....

....

....

....

....

....

....

....

....

....

....

....

....

我们（扩大至世界范围来说）共同付出的代价是什么？

....

....

....

....

....

....

....

....

....

....

....

....

....

....

列举这些之后，你有何想法？你注意到了哪些问题？

彻底改变能量的作用方向，冲破现状

高中时我的科学成绩一直不是太好，但当时我认为自己也有高光时刻。我曾通篇用文学名言名句写过一份实验报告，试图区别于其他所有的报告，显得不那么老套乏味、千篇一律。那时还没有互联网，所以它花了我好几个小时，结果所有努力换回的得分是一个 C-（相当于百分制的 70~79 分）。真是残酷。

随着年龄的增长，也是受了诸多作家和播主的影响，我对科学越来越好奇。我重新认识到所谓物态变化就是物质从一种状态转变为另一种状态的过程。比如固体转变成液体，液体转变成气体，反之亦然。

水在 99℃时呈液态，到了 101℃便成了蒸汽。这个变化过程中释放出的能量令人着迷：大到足以打破分子键。而且从某种角度来说，物质形态彻底发生了改变，但从另一角度而言，物质又未发生任何变化（冰、水和水蒸气的化学式都仍是 H_2O）。

我们在检视自己的价值目标、权衡"得失"时也会面临类似的时刻。我们需要同样的能量去打破现状的"分子键"，而这往往发生在当"失"（你和他人为放弃追求价值目标所付出的代价）大于"得"（维持现状带来的舒适）时。

因此，你可以两边都选最好的，然后放到天平上权衡。

以下是我权衡放弃追求价值目标的"得"与"失"之后天平的倒向。

就做新播客而言,天平仅仅略微偏向去做而非放弃。我很清楚,假如抛开个人使命的驱动,它就会立刻变得没那么有吸引力,我或许就会因此放弃。而就完成权力交接而言,我的天平倒向非常清晰:做!

权衡"得失"，辨清内心方向

取 3 项放弃追求价值目标的最大的"得"，将其列在下表左侧。然后以同样的方式取 3 项放弃追求价值目标的最大的"失"，将其列在下表右侧。天平会倒向哪边？你可以在大脑中做这项练习——相信事情孰轻孰重、过程如何演变你早已了然于胸。这些都没问题，只要你心中已有足够清晰的答案。5 分钟即可完成。

列出 3 项最大的"得"与"失"

舒适（得）   代价（失）

....

....

....

....

....

....

....

....

列完之后，天平倒向了哪边？是偏向让你追求价值目标？还是偏向让你放弃追求价值目标维持现状？

3个方面深入挖掘，降低沉没成本

假如放弃追求价值目标的"失"，明显大于维持现状的"得"，那么你便可以着手准备下一步了：预测未来。但假如你的情况并非如此，你也不必不知所措或灰心丧气。比起等到接下去的几天、几周或几个月之后你耗尽了激情和运气才意识到问题，现在及早发现也算是一种成功。

不如将双手举向天空说："这一切是多么迷人！"从头再来。你可以从以下几个方面深入做些探究。

重塑价值目标。你可以选择一个全新的目标，也可以在现有基础上做调整。这么做或许能够让你意识到，当前的这个价值目标，根本就不适合你。

再深挖掘一下"得"。这么做是为了让你进一步了解和评判自己想要维持现状的决心。

重新审视一下"失"。看看你是否能够更强烈地感受到放弃追求价值目标带来的挣扎。

假如你已准备好继续前进，很棒。但在那之前，你需要进行一趟时空之旅，进入未来看看，评估一下你眼前的那段旅程。

当我们以为自己是因为拥有某样东西而感恩时，我们真正想拥有和留住的，常常只是和这样东西相关的过往回忆。

《感恩日记》（*The Gratitude Diaries*）

第6步

评估未来旅程，追求目标会给你带来什么？

从"加强版的你"跃迁到"2.0 版的你"

哈佛大学教育学院的心理学教授罗伯特·凯根（Robert Kegan）创建了一个具有说服力的成人发展理论模型（Adult Development Theory）来描述人类意识进化的 5 个阶段（见图 6.1）。在他提出的每个阶段中，首先都是阶段内的成长，然后才是跃升至下一个阶段。

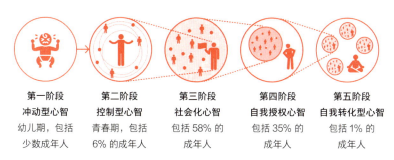

第一阶段　第二阶段　第三阶段　第四阶段　第五阶段
冲动型心智　控制型心智　社会化心智　自我授权心智　自我转化型心智
幼儿期，包括　青春期，包括　包括 58% 的　包括 35% 的　包括 1% 的
少数成年人　6% 的成年人　成年人　成年人　成年人

图 6.1　罗伯特·凯根的成人发展理论模型中的 5 个阶段

我将其表述为"加强版的你"（You+）和"2.0 版的你"（You 2.0）之间的区别。"加强版的你"是阶段内的成长。你进行自我完善，让自己在那个阶段里变得更加优秀和舒适。你把这种成长融入日常生活：每长大一天，便增添一天的智识。

但"加强版的你"有其局限性。

要想持续成长，你得成为"2.0 版的你"。你的价值目标便是这一跃的催化剂。价值目标能够打破"加强版的你"的局限性，让你自如地迈进下一阶段的学习和成长。

作家大卫·福斯特·华莱士（David Foster Wallace）在凯尼恩大学毕业典礼上的演讲《这是水》（*This Is Water*）开篇这样讲道：

> 两条年幼的鱼一道游着，碰上一条年长的鱼迎面游来，它朝它们点点头说："早上好，小伙子们。水怎么样？"两条年幼的鱼继续游了一会儿，随后其中一条终于看着另一条说："究竟什么是水啊？"

借助这个水和鱼的故事，华莱士想要传达的重点正是："显而易见但至关重要的事实，通常难以察觉、无法言喻"。因为鱼一直生活在水里，所以这些鱼，习以为常到意识不到"水"的存在。

理解专注游泳和关注水这两者间的区别，有助于你理解"加强版的你"和"2.0 版的你"之间的不同（见表 6.1）。

表 6.1 从"加强版的你"到"2.0 版的你"是质变的过程

加强版的你	之于	2.0 版的你
全球定位系统	之于	用地图和指南针进行定向越野
应用软件	之于	操作系统
当下的你	之于	未来的你
升温中的水	之于	从液态向气态转变中的水
牛顿物理学	之于	复杂性理论
火箭飞船	之于	鸟群
单一作物	之于	自然界
计划	之于	战略
效率和进步	之于	进化和显现
关注自我	之于	关注他人
快速改变（技术）	之于	慢速改变（行为）
表面的量变	之于	破茧成蝶的质变

伤口是智慧的入口

"打破加强版的自己"这个说法听上去很不错，但作为激励你下一步的行动口号而言，明显还缺点感染力。

我是唇腭裂患者，孩提时期的手术在我的上颚留下了伤疤。这或许本该被视作一种缺陷，但如今在我看来，这却是让我区别于他人的特点。**有人说过"伤口是智慧的入口"，恰恰是我们身上这些被打破的地方，能成为勇气、眼光和力量的源泉。**

我听说有一种叫作"金缮"的陶瓷修复艺术：碟子打碎了不扔，工匠会用大漆黏合后再施以金粉，将其完美修复。人们非但不隐藏修补的痕迹，反而将其刻意展示出来。他们认为这比那些完好的碟子更漂亮、更珍贵。

但这有必要吗？要评估未来旅程，你又需要重新从"得"开始。现在的问题是，若要追求价值目标，你如何能取得成功？又能累积哪些收益？实践证明，收益分表面和内在两种。

身份和地位只是你的表面收益

表面收益最为瞩目和光鲜，也最难确保。你当然有可能实现自己的价值目标。以我为例，我可以说我做过行业前 3% 的播客。

紧随其后的就是身份，它既有真实的，也有想象的：我可以大摇大摆地去全世界参加任何播客大会；我完全实现了财务自由；至少有 10 条评论夸我那些见解深刻的访谈节目以及我将幽默和激情融入其中的能力；有一堆评论说我和我的节目烂到了家，别不相信，这还真是衡量成功的标准之一；我的超级粉丝将我的名字首字母文在身上……。

你费了很大力气，才设定了一个令人兴奋、意义重大、十分艰巨的价值目标，所以要追求一个既重要又有趣，且最称心如意的结果。但为了实现价值目标，你还需要比这些更多的"得"。

当你服务于这个世界时，你能得到的滋养

本书的核心主旨是"唯有迎难而上，方能成就伟大"。对我们每一个人来说，努力成为最好的自己，应该是一生的事业。要列举追求价值目标的"得"，需要你尽可能深入地将你的决心与人类最基本的需求关联起来。

这里吸收了《非暴力沟通》（*Nonviolent Communication*）的作者马歇尔·卢森堡（Marshall Rosenberg）的著作思想。卢森堡认为，人有九大不言而明的基本需求：

生存（Subsistence）　情感（Affection）　创造（Creation）

娱乐（Recreation）　自由（Freedom）　保护（Protection）

参与（Participation）　身份（Identity）　理解（Understanding）

沿着你的价值目标这条主线，你会发现一两种或者更多种人类的基本需求。它将从一个基础层面上告诉你，在追求价值目标并同时服务于这个世界的过程中，你将得到怎样的滋养。

强化美好品质，认识到自己的伟大之处

如果说需求是普世的，那么品质则是深深根植于个体的。你的部分品质已然体现了你入世的最佳状态。在追求价值目标的过程中，这些品质将会被放大。它们会被认可，被强化，被置于阳光底下，熠熠发光。

那一刻，"唯有迎难而上，方能成就伟大"这句话就会如洪钟般回荡在你的脑海。你也将意识到并认可自己的伟大之处。接下来你将进行一项会让你变得更强大的练习，我希望你能全情投入。

但你需要注意的是，这个练习的过程多少会有些令人不可思议、难堪或不适。我的印象中有几个英国朋友，都说这项练习简

直让他们恐惧到了极点。不过，练习的结果只需要你自己知道。既然都读到这儿了，那我们就来练练看。

下面举例说明我的价值目标将如何成就我的伟大。

价值目标 1：
创立一个在 12 个月内问鼎行业前 3% 的播客

全力追求价值目标会让你变成怎样的人？

有这份决心，我便称得上是：团队中的组织者和主持人；老师；理念的译者和智慧的使者；少数声音的拥护者；不墨守成规，特立独行；终身学习者；求变求新；满腔抱负；慷慨大方；既谦逊又自信；他人的机会赋予者；理念的践行者。

对我而言，这些真是褒奖之词。坦白地说，看到这个清单让我明白了，我多么希望得到人们的认可和赞美。

人的哪些基本需求与你的价值目标有关且能得到它的滋养？

对我来说，人类的基本需求是：创造和自由。我的需求几乎总是这两样，有时顶多再加点名誉。

价值目标 2：
成为一个谦和、大方、值得信赖的权力交接榜样

全力追求价值目标会让你变成怎样的人？

有这份决心，我便称得上是：导师；给拥有特权的人在处理权力方面树立榜样；勇于打破现状；致力于解决历史遗留问题；宽宏大量；不满足于现状；雄心勃勃。

同步追求这两人价值目标，让我处丁自己的最佳状态，并且愈发自信。

人的哪些基本需求与你的价值目标有关且能得到它的滋养？

与我的价值目标紧密相关的两大人类的基本需求是自由和创造。（同上，但优先顺序颠倒了一下。）

投身价值目标将点亮你的哪些品质？

全力追求价值目标会让你变成怎样的人？这是项深度工作。请你集中思考，想到哪些词 / 短语就写下来。下面有份词汇 / 短语表可供你参考。写下 3 个与你的价值目标有关且能得到它滋养的需求。10 分钟即可完成。

我的品质

慷慨。诚实。有趣。心软。自信。抗压。勇敢。敬业。聪明。忠诚。快乐。冷静。善良。坦率。果断。热心。宽容。幽默。可靠。

有煽动性。有创意。有爱心。有抱负。有影响力。有催化作用。有冒险精神。

善于模仿。善于学习。

敢于冒险。始终如一。奋发努力。遵从内心。无所畏惧。一如既往。特立独行。坚韧不拔。界限分明。尽心尽力。富有洞察力。富有同情心。不安于现状。闲不住。

是个创新者。是个探索者。是个先行者。是个行家里手。是座桥梁。是个行业冠军。是个专家。是个主持人。是个教师。是个导师。是个领导者。是个思维缜密的领导者。

全力追求价值目标会让你变成怎样的人？写下至少 5 个短语。

....

....

....

....

....

....

....

....

....

....

....

....

....

人的哪些基本需求与你的价值目标有关且能得到它的滋养?

做出选择，也意味着放弃另一种可能

上面的练习通常会让人活力四射，因为你已经看到了一个 2.0 版的自己。现在你已经明确了"得"，这意味着你也必须明确"失"。毋庸置疑，假如你决定追求价值目标，你也必将为此付出代价。

在《关键 7 问》中我提过一个"战略问题"："你在做出某个选择时，同时又意味着放弃了什么？"除非你在下决心前，已完全清楚自己将放弃什么或牺牲什么，否则你所做的选择根本毫不可信。若不仔细算算你为追求价值目标需要付出的代价，你绝无可能全力以赴。

行动之前再"计较"一次潜在损失

之前你在识别维持现状的"得"时，列了一份清单，即放弃追求价值目标你所能维系的状态。评估未来旅程时你可以回过头去从中再挖掘一些可能性：评估一下你的资产；你的舒适区和非舒适区（即你必须或无须面对的事情）；他人和你对自己的期望；各种关系的相处模式；你的地位/权力/权利/特权；你的影响力。

在识别哪些是对自己重要的、哪些或许会有风险的同时，请明确列出潜在的损失。可试着按下面的提示将句子补充完整：

我会面临＿＿＿＿＿＿＿＿＿＿＿＿＿＿＿＿＿＿＿的风险。

我可能将不再＿＿＿＿＿＿＿＿＿＿＿＿＿＿＿＿＿＿＿。

我或许会失去＿＿＿＿＿＿＿＿＿＿＿＿＿＿＿＿＿＿＿。

我将放弃＿＿＿＿＿＿＿＿＿＿＿＿＿＿＿＿＿＿＿＿＿。

我将被迫放弃＿＿＿＿＿＿＿＿＿＿＿＿＿＿＿＿＿＿＿。

＿＿＿＿＿＿＿＿＿＿方面，我将被弱化／会越来越少。

我不得不承认＿＿＿＿＿＿＿＿＿＿＿＿＿＿＿＿＿＿＿。

我无法保证＿＿＿＿＿＿＿＿＿＿＿＿＿＿＿＿＿＿＿＿＿。

以下是我会面临的一些风险。

价值目标 1：
创立一个在 12 个月内问鼎行业前 3% 的播客

全力追求价值目标会让你面临怎样的风险？

来吧，让我们从时间和金钱谈起。若不组建一个团队、投入营销费用等，我无法将这件事情做到极致。这笔投入起码有五六位数，且有风险。

而且，决定追求这个价值目标存在着机会成本：我不得不放弃其他目标、梦想和机会，而且我将无力介入其他项目，别无选择。

另外，播客如果没有听众怎么办？我或将面对一个现实，即我并非像之前自以为的那样受人追捧 / 魅力四射 / 脚踏实地。

还有，若是招来的某些团队成员不靠谱怎么办？我或将陷入不断处理人员管理琐事的风险之中。

从中我注意到了什么？

这些担忧似曾相识。它们曾在过去严重阻碍我开展工作，但随着时间的推移，我最终将其克服。如今它们再也吓不倒我。

价值目标 2：
成为一个谦和、大方、值得信赖的权力交接榜样

全力追求价值目标会让你面临怎样的风险？

◎ 我会面临破坏自己与香农的关系的风险。

◎ 我会面临破坏或者至少削弱公司的风险——不光是有形资产，还有声誉等无形资产。

◎ 我会面临失去蜡笔盒公司大家庭的风险——那些让我生活富足的员工、供应商和客户。

◎ 我会面临做出偏执决定的风险——没人能够替代我作为首席执行官的角色，让自己永远被困在那个位置上。

◎ 我会面临默默无闻和 / 或再也跟某些功成名就扯不上联系的风险。

◎ 我会面临发现一个可怕事实的风险——掌控一切对我而言，其重要性比我自己意识到的还要高。

从中我注意到了什么？

对我来说，最重大的风险是失去蜡笔盒公司大家庭。但就在写下来的那一刻，我已开始思考重建这个大家庭的可能性，这让我内心的刺痛缓和了许多。

写下全力追求价值目标会让你面临的风险

全力追求价值目标会让你面临怎样的风险？

....

....

....

....

....

....

....

....

....

....

....

....

列举这些之后，你有何想法？你注意到了哪些问题？

....

....

....

....

....

....

....

....

....

....

....

....

....

....

假如结果不及预期，你也要赞许自己

就像你在权衡维持现状的"得"与"失"时一样，你得再次关注事物是如何演变的。这一次，你要关注的是在未来旅程的评估中，"得"是否大于"失"。它将有助于我们进入最后一阶段，跨越门槛。

而假如结果没能如你所愿，你也要赞许自己。这不是失败，而是一次值得学习的反馈。你可以驶入匝道，返回流程的起点，从头再来，直到你找到这样一个价值目标：维持现状评估中的"失"大于"得"，未来旅程评估中的"得"大于"失"。

权衡"得失"，释放真实渴望

取 3 项决定追求价值目标的最大的"得"，即能够释放或放大你内心的品质，将其列在下表左侧。然后以同样的方式取 3 项"失"，即你可能面临的风险，将其列在下表右侧。天平会倒向哪边？

跟之前一样，你可以多思考一阵儿，或全凭直觉为之。总之，答案只有你知道。5 分钟即可完成。

品质（得）　　　　　　　　　　　　**风险（失）**

....

....

....

....

....

....

....

....

....

列完之后，天平倒向了哪边？是偏向让你追求价值目标？还是偏
向让你放弃追求价值目标维持现状？

从这次"得失"权衡来看，天平都偏向让我追求那两个价值目标。无论哪一个，我渴望借此放大和点亮的品质，都多过我将面临的风险。

即便天平偏向了让你追求价值目标的一边，"自信地朝着你梦想的方向前进"也可能会是个错误。当你朝着价值目标前进时，你得知道如何循序渐进，如何降低已然识别到的风险，千万别自信到想一脚就跨过悬崖。

而如何才能最有效地行动，正是下一阶段要谈的内容。

即使我们仍然感到害怕、失望，但我们知道自己已经获得了足够的勇气和韧性来走出可能遭遇的任何痛苦。

《轻疗愈：敲除内心恐惧》

（ *The Tapping Solution to Create Lasting Change* ）

人 生 需 要 被 计 划

HOW TO BEGIN

CROSS THE
THRESHOLD

跨越门槛

朝着未知之地前进，智慧和勇气兼具

你已明确价值目标、你已下定决心。现在是时候跨越门槛了。

为旅程做好准备

假如你拥有的是个简单明了的目标，你可以立即行动：朝着最终的荣耀，长途跋涉，自信前行。但你的价值目标可不是登顶一座山，或是在公园里散个步那么简单。你要去的是未知之地，需要克服前路的各种跌宕起伏。以下 3 个原则可为你保驾护航。

1. 小步走。有 3 个不同的方法，稍后我们便会谈到。

2. 记住最好的自己。当你心生疑虑时，能够直达你内心、让你保持最佳状态的做法就是夯实基础、宽慰身心、自我赋能。

3. 不要独行。你得聚集一群人在自己身边，以确保未来旅程的持续。好了，我们出发！

第7步

小步走方法论：庆祝每一次小胜利

"爆款双层巧克力蛋糕"背后的流程智慧

大学毕业后我的第一份工作是从事产品开发。客户会来我们公司，提出这样的要求："我们想要一款新的冷冻甜品，类似现在热销的爆款双层巧克力蛋糕！"在 20 世纪 90 年代的英国，双层巧克力蛋糕毫无疑问是冷冻甜品之王，从 4 岁到 104 岁，人人都爱吃。

于是我们撸起袖子开始忙活。我们将当时市面上能买到的所有甜品全部买来试吃，激发灵感，成立项目小组，制作样品，试吃，成立更多的项目小组，最终向客户推荐我们认为最好的产品。偶尔我们的创意能实现量产，但大多数情况下，这些项目会以恼人的失败告终。

如今，我明白了我们为何失败：没有流程。我们的创意从未真正有过实现的机会，因为它们从未经过流程测试。我们只是在自己吹出的泡泡里打转，一心希望撞大运、中大奖。

而与此同时，硅谷的另一家创新公司却凭借其他方法取得了更大的成功。全球创新设计公司艾迪伊欧（IDEO）的创始人之一戴维·凯利（David Kelley）有句名言：早失败，早成功。这一原则被人们奉为绝对真理。而埃里克·莱斯（Eric Ries）在其《精益创业》（*The Lean Startup*）一书中极为推崇"最小可行产品"的理念。两者的本质都在于小步走。

先射子弹，再发炮弹：复杂情形下的前进路线

说到小步走，你要做好两件事（见图7.1）。

1. 你要有好奇心，要收集反馈。这是确保你在复杂情形下还能前进的唯一方法：不断地确认自己所处的位置，做些尝试，收集反馈，然后决定下一步。

2. 既然要降低风险，你就不能冲下悬崖，或者先后陷入"火海、沼泽和迷雾"中，早早结束征程。

图 7.1　小步走就是收集反馈后重新调整和投入

畅销书《从优秀到卓越》(*GOOD TO GREAT*)的作者吉姆·柯林斯（Jim Collins）是这样描述战略的实施过程的：先射子弹，再发炮弹。柯林斯解释说，子弹便宜，风险也低。射子弹是一种可控的投入，可以帮你识别真正的目标。一旦目标锁定，你便可以将炮弹全线压上。但大多数人子弹没打够就着急发炮弹；或者子弹射了一辈子，却连上炮弹的勇气都没有。

"射子弹"和小步走的 3 个方法是：收集过往经验、试验和练习。

小步走方法 1：收集你的过往经验

在评估现状过程中，你罗列过追求类似或相关价值目标时的失败经验，但那些并非故事的全部。你也有过成功的经历，你渴望找回你的最佳状态，重现那些高光时刻。

科幻小说宗师、赛博朋克之父威廉·吉布森（William Gibson）曾说："未来早已来到——只是尚未平均分布。"从个人层面来讲也是如此，"2.0 版的你"早已在过去某个时候出现过。搜索一下你的故事库，梳理一下个人经历，找出那些"高光时刻"，那些自己处于最佳状态的时刻。"2.0 版的你"在等你去重新发现、重新认可、重新还原。

挖掘个人经历，不光是为了奋力捕捉"2.0 版的你"的痕迹。也是更有效地衡量你在"评估未来旅程"过程中罗列出的各种风险的一种方法。通过比照真实的生活经历，调整我们的思考方式，对风险做出评估，你便能准确理解现实中的真正阻碍。

请某个熟悉你的人陪你完成挖掘个人经历这个流程，不失为一个好主意。我曾帮一个朋友做过这项练习，她身为极度成功的高管和教练，对自己过去的表现，比如果敢和勇于冒险，竟熟视无睹。我便唤起她的回忆，仿佛举着一面镜子，显现出我看到并喜爱的她身上的那些品质。

以下是有关我从前的价值目标的历史经历。

价值目标 1：
创立一个在 12 个月内问鼎行业前 3% 的播客

你的历史经历将揭示怎样一个未来的你？

我始终认为自己是一个幸运的业余播主。我一路走来确实取得过一些成功，但能够冲进播客界前 10%，主要还是因为自己足够自大：懂点技巧，脸皮又厚，擅长自嘲式的幽默，外加几件花衬衫。而多数情况下我走的都是低成本路线，修修补补凑合着用，一切从简。但我若是想创立一个问鼎行业前 3% 的播客，"幸运的业余播主"就完全不够用了。

不过我还有另外一个故事。在现在已经畅销百万册的《关键7问》一书出版前，我曾决心要以专业人士的方式来完成它。那可真是夸下了海口。于是我聘请了优秀的人才，打造出了一部漂亮的手工艺品，制定了时间表和费用预算，做了很多试验并根据反馈调整策略，全身心投入营销，等等。这与前面所说的那个"业余播主"的故事形成了鲜明对比。但其实，我多数时候都记不起这段"专业"经历。

你的历史经历将揭示未来的哪些风险？

在我做过的每一个重大项目中——我的第一本书，我创立的公司，还有你此刻在读的这本书，风险都随处可见。不过，一旦确定自己愿意做出的牺牲和承受的代价，我便能无拘无束、全力以赴。很多时候我害怕自己会失去一些东西，比如金钱、时间、身份、地位和机会，事实上，我并未失去。即便我真的失去了什么，也通常是权衡之下的"机会成本"。

价值目标 2：
成为一个谦和、大方、值得信赖的权力交接榜样

你的历史经历将揭示怎样的一个未来的你？

罗伯·卡布韦（Rob Kabwe）多年来一直是蜡笔盒公司多数美学作品的主力设计师。

我之所以喜欢与他共事，是因为我给他的可能只是一个简单的设想，他反馈给我的则是一个超乎我想象的完整的解决方案。这个故事虽小但有力，它提醒我，自己曾在重要的工作上能够充分信任他人。

你的历史经历将揭示未来的哪些风险？

回顾与罗伯的关系让我明白，事情进展不顺时，再担心也不过如此，而我们总是可以从头再来。这取决于我们彼此之间清晰无碍的沟通，只要沟通顺利，多数问题都可修复。

梳理你的历史高光时刻

首先,你要从过去的经历中找到曾出现过"2.0 版的你"的那些故事,以证明你是追求这个价值目标的不二人选。

其次,你还要从过去的经历中找到有助于你准确评估,追求价值目标的过程中那些具有真实风险的故事。

完成梳理历史这一步有百利而无一害。即使你更注重当下,而不是回首过去,完成这项练习也有助于催生积极的思考。毫无疑问,你过去的表现在未来也将有所重现。过去的经历中饱含有用的数据和证据,这有助于你打造自信,而自信则会让你充满冲劲儿。

10 分钟即可完成。

你的过往经验将揭示怎样一个未来的你?

....

....

....

....

....

....

你的历史经历将揭示未来的哪些风险？

....

....

....

....

....

....

....

....

....

....

....

....

....

小步走方法 2：通过小试验降低风险

科学方法素来是促进文明的伟大助力。它糅合了好奇心、洞察力和怀疑论：先有假设，复经试验，再得结果，最后形成结论。随后再从新的假设开始，如此反复循环。——这也并非没有坏处。在我们将"可证明"和"可测量"当作衡量一切的标准的同时，我们也会失去一些东西。

那就披上实验室的白大褂，拿上一本记录册，最好再戴上一副安全护目镜，着手进行一项能够给你带来些有用信息的一次性的、特定范围的、试水性质的试验。

你可以测试如下内容：所需的时间；所需的费用；他人（家人、朋友、赞助商、粉丝、同事、合作方、观众）的参与度；你自己的参与度；兴奋程度、重要程度和艰巨程度的真实性；失败带来的影响。你可以通过组织这样的试验来取得一小步进展，同时降低风险。

在设计这样的试验时，你需要避免 3 种毫无益处但非常符合人性的设计倾向：

1. 罔顾实际需要，把试验设计得过于庞杂。你测试的是一种假设，是你针对未来可能失败时所面临结果和风险的一种猜想。所以你要不断地问自己：能提供有用数据资料的最简单的试验是什么？

2. 试验中的失败风险设计过多。 任何试验都有失败的风险，而我们的目标是设计一个让你能够获得有效反馈的风险试验。要从小处着手。问自己一句：能提供有用数据资料且风险较小的微型试验是什么？

3. 为追求试验成功投入过多。 试验的目的是收集数据资料，试验无论成败，你都是赢家。衡量标准并非"结果成功或失败"，而是"收集到了哪些数据资料？我从中学到了什么？由此接下去怎样才能做出明智的选择？"。能着手进行试验你就已经赢了，无论结果如何。

以下是我在自己的工作室进行的试验。

价值目标 1：
创立一个在 12 个月内问鼎行业前 3% 的播客

你想测试哪一种假设？想要收集哪一类有用的数据资料？如何降低风险？你能想到的最小的试验是什么？

为创立一个能问鼎行业前 3% 的播客，相比我直接投入所需的一切资源，不如先限量制作一个首发系列，集中试播。这些试播节目能帮我测试很多东西。

◎ 观众是否真的喜欢我的创意？

◎ 观众对节目提出了哪些反馈？

◎ 我是否真的喜欢自己的创意？

◎ 完成一期节目需要花多少时间和费用？

◎ 节目中是否有发行商或广告商感兴趣的点？

更小、更紧凑的试验方式便是写一份营销方案。我可以根据自己的想法针对这个首发系列草拟一个方案，然后拿给业内的一些专家审阅。这样做会耗费点时间，也许还得花点钱，但不存在其他风险，而且还会给我带来一些非常有用的数据资料。

价值目标 2：
成为一个谦和、大方、值得信赖的权力交接榜样

你想测试哪一种假设？想要收集哪一类有用的数据资料？如何降低风险？你能想到的最小的试验是什么？

我意识到我立马就可以让香农在特定范围内承担起一些首席执行官的职责来。我无须等到某一天我离开后，再将企业全盘丢给她。

我们可以从偏精细化的部门入手，比如财务部门。这样一来，我不仅给这个试验设立了明确的界限，还能清楚地衡量她的管理成果。我还可以借此练习如何认可他人的成功、处理各种困境，以及最重要的——如何放手。

从小处和特定范围着手展开试验

试验目的是为你的价值目标收集反馈。要确保无论发生什么你都能收集到数据资料，哪怕试验"失败"，你也不会落入毫无收获的困境。你无须担心试验设计得不够完美，切记做到从小处和特定范围着手。再强调一遍，你是要收集数据资料，而不是达成价值目标。再失败的试验，也胜过始终在你脑中停留的某个完美构想。

你可能还真需要酝酿一番。你可以先草拟 2~3 个选项，然后选出其中之一，也可以画个流程图。找个人跟你一起做"头脑风暴"也会很有帮助。10 分钟即可完成。

你想测试哪一种假设？想要收集哪一类有用的数据资料？如何降低风险？最简单的微型试验是什么？

....

....

....

....

....

....

小步走方法 3：坚持刻意练习

特蕾莎·阿马比尔（Teresa Amabile）是哈佛大学教授，她在其著作《激发内驱力》（*The Progress Principle*）中，提出了一个极其明显且深刻的观点：当人们在与自己息息相关的事情上定期取得进展时，他们会感觉很好。那么，将这个正反馈循环表述完整便是：**一旦人们感觉很棒，就更有可能取得进步。**

小步走可以让你获得很棒的感觉，很棒的感觉可以继续推动你小步走，这使得正反馈循环得以加强和提升。

"练习"作为小步走方法的最后一步，会帮助我们致力于追求结果，致力于通过小步向前，达到收集反馈和学习的目的。

练习＝试验＋坚持

"练习"不同于打造习惯，"练习"追求的是一种有意识的、刻意的学习过程。而打造习惯从根本上说，是一个先树立目标，后不断重复，将某一行为从有意识能力变成无意识能力的过程。

"练习"始终在有意识无能（比如"真不敢相信我这方面竟然如此差劲！瞧我现在学得多好！"）和有意识有能（比如"我相信我已经掌握这部分的窍门了！瞧我现在学得多好！"）之间起起

伏伏。恼人的是，似乎我们在有意识无能的不适状态下反而学得更深更快。

有人在完成这个流程后坦言，他做了大量专项试验以测试自己的价值目标，却从未真正利用那些数据资料来推进流程。对他而言，当时就该从"试验"转向"练习"，而"练习"正是一系列相互依赖的受控"试验"。

以下是我反复练习的内容。

价值目标 1:
创立一个在 12 个月内问鼎行业前 3% 的播客

你可以用哪些"试验"串成一项"练习"? 怎样的"练习"需要一定程度的重复,但同时仍能确保你可以有效学习并收集数据资料?

在播客方面,我的"练习"旨在更加细致入微地了解如何才能创立一个问鼎行业前 3% 的播客。我若想自诩为"专业播主",便意味着我需要收听比现在更多的播客,还需要学习一些课程以弥补知识盲点。

我的第一项"练习"是以"我从这个播客学到了什么?"的心态每日沉浸在播客世界中。

第二项"练习"是每月接受我的制作人给我提供的播客课程,这样她便能帮助我不断进步,提高我作为采访者的水平。

第三项"练习"则是待每集节目制作完成后,我都要完整听一遍。这一点我还没能完全做到,但我知道这样做很有用。

价值目标 2：

成为一个谦和、大方、值得信赖的权力交接榜样

你可以用哪些"试验"串成一项"练习"？怎样的"练习"
需要一定程度的重复，但同时仍能确保你可以有效学习并收
集数据资料？

　　此处的"练习"是我会定期与香农碰面，交流权力交接的进
展情况。我不确定最佳频次是多久一次，可以是每天、每周甚至
每月一次。但这项"练习"会为我们创造适时止步、及时反思、
不断学习的机会。

设计你的正反馈练习

"收集过往经验"和"试验"常常会为开展"练习"提供机会。后者是三大练习中最为可怕的，因为前两者都是一次性的，但"练习"需要坚持的决心。和"试验"阶段一样，"练习"也需从小处着手。设计一项切实可行的小"练习"，然后从中学习并收集反馈。

你可以用哪些"试验"串成一项"练习"？怎样的"练习"需要一定程度的重复，但同时仍能确保你可以有效学习并收集数据资料？

无论结果如何，你都要全力以赴。
在这个过程中，你成为什么样的人，
比实现任何目标都重要。

《奇迹公式》（*The Miracle Equation*）

第8步

记住最好的自己，随时调整回最佳状态

那些没有退路，也无法前行的时刻

当你准备跨越门槛，踏上追求价值目标的征程时，你的内心可能会有一种在光明和黑暗之间摇摆的感觉。

有些时候，你会进入"心流"状态：每一步你都胸有成竹，无比自信。那的确是非常美好的时刻。这是将个人精力完全投注到某个生产性活动中产生的一种心理状态。

而另一些时候，你会被困惑重重包围。因为你已处于自身经验和能力的极限；因为你既已做了选择，便意味着在"得"的同时也要"失"；因为你已决定不再广泛涉猎、浅尝辄止，而是不给自己其他选项，只顾全力以赴追求价值目标。

当困惑来袭，你会感觉窘迫、焦虑、恐惧、忧伤、脆弱、犹豫、恼火、内疚并满怀沮丧。

　　这些都很正常，完全都在预料之中。但此时你绝不能自怨自艾地被情绪左右，免得让事情变得更糟。你不妨将双手举向天空说："这一切是多么迷人！"

　　那么你如何才能继续前行？那就是重返最好的自己。

为什么恶评不断的威士忌酒能够持续升值？

　　先前提到过，大学毕业后我从事的第一份工作是产品开发。我们不止做甜品。公司有家客户是全球最大的酒企之一，生产大量的啤酒、果酒和白酒，行销全球。

　　20 世纪 90 年代早期，苏格兰威士忌远没有如今这么火爆，它只是一种老年人才喝的过时的酒。从酿酒厂到经销商，所有人都觉得有市场仍有发展空间，但没有人真正地付诸行动。我当时所在的公司受客户委托，要研发出一种新的威士忌，以解决这个问题。既然过气的酿酒厂抓不住人们的眼球，那么针对年轻人和那些赶时髦的人研发出一种新品，说不定还能一举成功。

　　我们的确研发出了一种全新的威士忌："罗都"（Loch Dhu）——苏格兰盖尔语中"黑色之湖"的意思。此酒一经推出便惨败。当时的媒体这样形容它："简直糟透了，糟糕得就仿佛置身于一场可怕的交通事故现场。"文章继续评论说：

今天，"罗都"威士忌还有狂热的崇拜者和收藏者追捧，一个空瓶能卖几百美元。造成这种魔力的原因之一是稀缺……之二便是名气——它被誉为有史以来最难喝的单一麦芽威士忌。

"罗都"无疑是失败的，但我认为这个项目让我拥有了一个最强大的工具（实际上，猎奇的威士忌收藏家们已经把一瓶"罗都"的价格，从 1998 年首次推出的 200 元炒到了 2020 年的 2 000 元）。无论是面对观众，还是全力与几乎超出自身能力的工作拼搏时，这个工具我一直持续在用。在《忙到点子上》（*Do More Great Work*）一书中，我首次提到这个概念，现在我再把它从保险库里翻出来给你。

捕捉绝佳状态的思想实验：此／非彼清单

想一个你最喜欢的品牌，对其你抱有感情和忠诚度。然后告诉我，何为这个品牌的精髓？是什么使之与其他竞争对手相比，显得如此不同？

这对任何人来说都是个困难的思想实验，但假如你是营销人员，那这可是工作的核心。品牌精髓会指引你明确你不该做和应该做什么。我们在努力研发一种新威士忌时，便遇到了这样的挑战。这个品牌意味着什么？我们发现，语言本身只是一件钝器——太无识别度，太过抽象化，就像是冲对方晃晃手表示"你明白我什么意思，对吧？"

我们用两种方法解决了这个问题：

> 首先，尽可能使用比喻（一图胜千言，而比喻正是语法意义上的图画）；
>
> 其次，通过对比加以说明。

我给这个工具起了个名，叫作"此/非彼"。因此，针对"罗都"威士忌，我们并未采用抽象的语言来描述如何将其定位成"为时髦年轻人打造的一款酷炫的威士忌"，而是制作了一张"此/非彼"的表格（见表8.1）。

于是你对品牌或产品的理解变得更加丰富、深刻、明确。这个工具会帮你把握方向，让你判别感觉的对错。这种对比越严谨，说服力就越强。比如，说吉尼斯黑啤而非墨菲黑啤（另外一种爱尔兰黑啤），就比说吉尼斯黑啤而非喜力啤酒（Heineken，是一种淡啤，完全不同于烈性黑啤）更能表现你想要表达的细微差别。

表 8.1　此／非彼清单——
帮助你在营销工作中定位产品

此	非	彼
神秘的	非	平淡的
吉尼斯黑啤（GUINNESS）	非	墨菲黑啤（MURPHY'S）
黄昏	非	黎明
冰雪酒店	非	实木壁炉架
博柏利（BURBERRY）	非	格子呢（TARTAN）

　　我改造了这个工具，并将其运用到了自我发展和个人成长领域。你可以列出几对词组，前面的词组描述的是你的最佳状态，后面的词组描述的则是你不太顺当的时候。两者的区别很重要。我们并非为了对比成功和失败的高下贵贱，我们想要了解的是当中更微妙的东西：你在最佳状态下和你不在状态时，分别会有怎样的表现？

　　有效列举"此／非彼"清单有两种方法，都能帮你从往经历中梳理出最佳状态下你的表现。

　　第一种方法是记住你曾经的高光时刻，即你感觉自己进入了心流状态、势不可挡、应对自如的那些时刻。当你的内心感

知到这样的时刻，你注意到自己有哪些外在表现？你当时在做什么？没在做什么？内心又在想什么？浮现在脑海中的是什么样的词句或比喻？从那儿开始，再反过来联想一下"状态欠佳"的那些时刻的内心感受，你的"此 / 非彼"清单中的第一组比较关系就成形了。

第二种方法是快速回忆过往经历，回顾焦虑或紧张的那些时刻，那些自我感觉有点糟糕的时刻。这是一种纯主观的方法，旁观者或许什么都没注意到，但你自己能。你可以问自己跟第一种方法一样的问题。当时你注意到自己有哪些外在表现？浮现在脑海中的是哪些词？那么与此相对，你感觉更好、更自信、更专注的经历应该是怎样的？这样一来，第二组比较关系就也成形了。

有一次我举办了一场研讨会。后来跟我一起主持的人说，当时我的身子一直往椅子边缘前倾，我的脚后跟已完全离地，踮着脚尖像是要冲刺，右腿还在不停地抖动。这不禁使我对比了不久前自己站在 TED 演讲台上的那一幕。我同样很紧张，但却是一动不动地站在那里，像扎了根一般，让自己呼吸平顺、尽量放松。就我的"此 / 非彼"清单来说，我便可以写下这么一对："平静参与（此），非抖动双腿（彼）"。这对比较关系会将我拉回到以前的故事情境中，触发我的身体记忆，让我能迅速感知到那两种截然相反的状态。

以下是有关我的价值目标的"此／非彼"清单

价值目标 1：
创立一个在 12 个月内问鼎行业前 3% 的播客

此：你的最佳状态，巅峰时刻。

非彼：你的八成半状态。

这个"此／非彼"清单我做了很多年，因此对我而言这个工具用起来驾轻就熟。为了让自己成为更优秀的引导者和演讲者，我最常用的有 8 对词组（见表 8.2）。下面是其中的几对：

表 8.2　此／非彼清单——帮助我成为更优秀的引导者和演讲者

此	非	彼
前进	非	后退
正向激发的	非	阿谀奉承的
有趣的	非	严肃的
聪明的	非	理智的
"小菜一碟"	非	"兹事体大"

但在针对这个价值目标列清单时，我发现我得用一些新词才配得上我作为一个企业家、创始人和投资人的身份，毕竟新的语境需要新的词汇（见表8.3）。以下是我的第一版：

表8.3　此／非彼清单——帮助我识别追求价值目标1时我的最佳状态

此	非	彼
问鼎前 3% 的	非	非业余的
野心勃勃的	非	假装谦虚的

从中我注意到了什么？

追求这个价值目标相当有挑战性，它逼着我让自己在播客界"占据一席之地"且过程还不轻松。

价值目标 2：
成为一个谦和、大方、值得信赖的权力交接榜样

此：你的最佳状态，巅峰时刻。

非彼：你的八成半状态。

面对这个价值目标，我恐怕得用上全套的新词，因为这对于我而言是彻底的改变（见表 8.4）。以下是我的第一版：

表 8.4　此／非彼清单——帮助我识别追求价值目标 2 时
我的最佳状态

此	非	彼
平静的	非	激进的后退
深度信任	非	"塑料"感情
彻底放手	非	处处染指
谢幕退场	非	占据舞台中央

从中我注意到了什么？

我在清单中刻意地弱化和限制自己的角色，包括彻底淡出，追求价值目标的主线慢慢显现。

对比 100 分的你和 80 分的你

你一开始需要列出至少 10 组比较关系，然后再筛选出最为贴切的 5 到 7 组。你需要想出不同的词 / 短语和各种近义词。当每个词 / 短语都能让你有身体一紧的感觉时，你就接近成功了。那种反应通常表明，你已被拉回到过去的某些特殊时刻，那些直达内心的经历让你至今仍记忆犹新。

10 分钟即可完成。我发现想要完成一个能打 80 分左右的、大致过得去的清单初稿，花不了多少时间，但想要把它调整至能发挥出极致的作用，则需要反复斟酌。

此：你的最佳状态，巅峰时刻。
非彼：你的八成半状态——不一定会失败，但状态稍逊。

此	非	彼
	非	
	非	
	非	
	非	
	非	

列举了这份清单之后，你有何想法？你注意到了哪些问题？

要足够强烈地热爱自己喜欢的东西。

要足够自信地说出你想说的话。

《财富自由笔记》（*Boss Up!*）

第 9 步

不要独行，看见自己，看见他人

在尽全力迈向未来时，你并非独自一人

据说我们每个人都是自己身边最常接触的 5 个人的集合体。我们的体重、财富、抱负等，都是那 5 个人的体重、财富、抱负等的平均水平。

和任何可疑的事物一样，这也未必是真的。至少可以说，此间的真相已被人们的口口相传、网络模因、社交媒体以及各式各样想要简化一切的力量所影响和曲解。因此，尽管你可能会情不自禁，但你也不能因为自己不够富有或苗条而去怪罪身边的朋友。

然而其中也有真实的成分。有优秀的人围在身边是好事，尤其是在你尽全力迈向未来的时候。

请铭记不是每个人都能陪你走到最后

不可能一个不落。坦白讲，你最好抛下几个当下的旅伴。这不光是个选谁陪你同行的问题，也是个选择放弃谁的问题。

◎ 谁是你生活中希望你一成不变的人？

◎ 谁索取的比给予的多？

◎ 谁总在你生活中撒播怀疑的种子？

◎ 谁曾经背叛过且有可能再次背叛你？

◎ 谁在给你灌输思想时总是墨守成规而非面向未来？

◎ 谁总是抓着你做过的最糟糕的事情不放却从不提醒你能成为最好的自己？

◎ 谁总能诱发你最差的或至少不那么优秀的一面？

◎ 谁让你变得麻木不仁？

◎ 谁让你变得胆小怕事？

◎ 谁撺掇你放弃追求令人兴奋、意义重大、十分艰巨的目标？

这些不是小问题，也不是容易做的决定。或许得写本书，才能讲透这方面的道理。

你的征程无需与谁同行？

　　你得抛下谁？你得让自己有点铁石心肠。先挑选出 1 个人，再把你觉得匹配的人都加上，列出他们的名字，想象着他们离开，然后体会你内心的感受。这或许会是一种轻松、自由、紧张中带着兴奋的感觉。5 分钟即可完成。

你的征程中无需谁？

....

....

....

....

....

....

....

....

....

....

....

5人组智囊团：猛士、爱人、老师、统治者和无赖

北美土著从4个基本方位召唤智慧，它们除了各有各的颜色和图腾之外，每个方位还有各自的原型。这些原型可以代表我们想要打造的自身品质，也可以代表在追求价值目标过程中我们想要的同伴、智慧和能量。

你可以将这些原型想象成自己不断壮大的同伴队伍，而不仅仅是为了实现你的价值目标。下面举我自己的例子，说说人生中在背后支持我的几类人。

猛士（Warrior）

谁是你背后的支持者？谁会与你并肩战斗？谁会站出来替你守住防线？谁能帮你判断并疏导你的愤怒、疲惫和悲伤？谁会故意发难？谁够凶猛？

玛塞拉，我的妻子，就是陪伴我的一位伟大的猛士。如果我犯了错，没有人——甚至我自己——都不及她那般愤怒。她的强悍，让我得以比以往任何时候、任何场合都更加勇敢。她帮我理解了什么是边界、什么是过失。她没有废话。她还是一位治疗师和老师，但其猛士气质尤为突出！

治疗师 / 爱人（Healer / Lover）

谁给予你温柔？谁赋予你勇气？谁提供你庇佑？谁无条件地爱你？谁能引导你变得优雅、大方和宽容？

我在那个我加入了 15 年的 5 人组"智囊团"中扮演的就是这个角色。我们 5 个散落在北美各地，随着时间的推移便建立起了一种有助于相互保持联系的机制。我们会每周至少进行 1 到 2 次"上线打卡"。每个月我们会有 2 次交流，每次 1 小时，视需要来进行相互审视和指导。另外，我们每年都会见一次面，一起进行为期 4 天的静修。

一开始，"智囊团"中的其他人扮演的更多的是老师的角色，帮我在开拓市场和提升业务方面出谋划策。但随着我们每个人朝着不同领域纵深发展，情况发生了变化，我们能给予彼此的专业意见越来越少。最终，"智囊团"成了一个彼此关注、调侃和鼓励的存在。我从中感受到了爱和理解。

老师 / 魔术师（Teacher / Magician）

谁能赋予你洞察力？谁能给予你反思的空间？谁能指出你的缺失？谁能打开你的内心？谁能帮你认识和引导你的好奇心，让你如饥似渴地学习并始终保持新人心态？

我的朋友杰森·福克斯博士（Dr. Jason Fox）便是我的老师。

他善于组织、惯于反思、长于解惑。我每每与他交谈，必定收获满满。他总能给我某个新的求知方向，让我产生一些新的联想，总觉得自己又长了点聪明智慧，少了些自以为是。

巴约·阿科莫拉夫（Bayo Akomolafe）是我现在的另一位老师。身为独立学者，他了解并致力于打破那种单一的、以西方为中心的看待世界的方式，就何为当下所谓的成功提出了深刻而雄辩的见解。我知道我早已在很多方面取得了成功，但这所谓的成功让我忽略了什么？对于那些从未如此幸运的人来说，它又渐渐地让我感受到了哪些责任和义务？

远见之人 / 统治者（Visionary / Ruler）

谁壮大了你的抱负？谁为你打开宏伟蓝图？谁为你树立勇气和眼界的榜样？谁要求你越做越好？谁能帮你认识和引导你的抱负、战略、勇气和开阔的视野？

对我来说，目前该原型的最佳典型是商务浪漫协会（Business Romantic Society）。该团队成员每年都会组织一场盛会，即美妙商务大会（the House of Beautiful Business）。他们的活动开展方式让我多少有些敬畏。我对他们发现不同声音的能力崇拜不已，包括他们进行各种尝试和冒险的决心，以及他们对自身行事原则的坚持和眼见的真诚。他们让商务变得美妙。

最后一位：无赖（Trickster）

除了上述 4 个原型，还有一个在世间的故事和寓言中时常出没的角色：无赖。谁会挑逗你、挑衅你、挑战你、嘲笑你？谁对你没有你认为该有的尊重？谁破坏了你的心情？谁搅乱了你的秩序？谁把你的事情搞得天翻地覆？谁面对你的黯淡和沉重无动于衷？

我的兄弟奈杰尔（Nigel）时不时就会扮演这样的角色。他没什么幽默感，又了解我的弱点，因此说话做事往往直刺人心。每当我太过得舒适的时候，他都会适时挖苦我一番，事实证明，这还挺管用。

以下是我在实现价值目标的旅途上想要的 5 位伙伴。

价值目标 1：
创立一个在 12 个月内问鼎行业前 3% 的播客

你需要谁与你共赴征程？我在思考这个价值目标时意识到，我若是单枪匹马地去冲，必会遭遇重重困难。

猛士

我习惯于说"呀，这差不多应该可以了"，而有个能坚守作品质量的人或团队，则无疑能弥补我这个问题。因此，我需要找些能让我更专注和严谨的专业技术人员及播客制作团队。

治疗师 / 爱人

某个能将手轻轻托在我后腰的人，他能支持并鼓励我前行。我想到了 2 位朋友，他们都是播客界的同行。

老师 / 魔术师

某个会不断挑战我自诩"业余高手"的滑稽心态的人。某个能让我突破老经验和旧思想的人，尤其是在目标客户群的选择上。某个在我的人生中以身作则，教我坚持高标准的人。

远见之人／统治者

那些我并不认识但始终激励着我的引路人，就像鲍勃·迪伦（Bob Dylan）和与其相似的人一样。他们都是无所畏惧的创造者和推动者。我可以不断地问自己："他们会给我怎样的建议？"

无赖

某些"粉丝"。他们会不断地提醒我我任性的决定可能导致的后果。

价值目标 2：
成为一个谦和、大方、值得信赖的权力交接榜样

你需要谁与你共赴征程？

猛士

香农和蜡笔盒公司的团队得守住他们的界限，防止我退回到聚光灯下。

治疗师 / 爱人

某个能帮我度过"因放弃这个角色或失去这个身份"，抚慰由此引发的悲伤的人。他可以是专业的心理教练或治疗师，但在现阶段，我想应该是玛塞拉，我的妻子。

老师 / 魔术师

他们是深谙权力本质的作家或演说家。他们会告诉我何为权力之道，为何我会如此执着，以及它又将如何微妙地腐化我。

远见之人 / 统治者

我需要找些体面让位的首席执行官们的案例，看看能从他们身上学习些什么。

无赖

有某些"大佬"似乎很享受掌控权力，且颇受人追捧。

你需要谁与你共赴征程?

　　你将与谁同行? 这需要点思考和想象。你会想到某些具体的人,比如"像谁那样的人"。他们拥有你想有的那种专业技术或某种能量。通过上面那些例子,你也会明白,你选择与你同行的人未必是具体的某个人,也可以是某个理想化的人物、一群人、一个组织或者某种渠道。10 分钟即可完成。

　　你需要谁与你共赴征程?

猛士

....

....

....

....

....

....

....

....

治疗师 / 爱人

....

....

....

....

....

....

老师 / 魔术师

....

....

....

....

....

....

....

....

远见之人／统治者

....

....

....

....

....

....

无赖

....

....

....

....

....

....

....

....

....

坦率地给予和接收反馈能为你的人
际关系奠定良好的基础，帮助你在
那些看似不可避免的误解、失望和
失误中全身而退。

《高效沟通的艺术》

(*How to Say Anything to Anyone*)

与比自己更强大的东西搏斗，
成为更好的自己

那些文绉绉的法国影片结束时，屏幕上会打出一个单词：

- FIN-（结束）

这样做对导演来说无疑是个简便的结尾方法。但事实证明，假如你是我，写了一本叫《人生需要被计划》的书，那结束起来就困难了。这样的书难道应该有结尾？或许我需要的只是一页纸，写上"待续"，或者铺垫几页纸逐渐淡出。

事实上，我的确知道如何给这本书收尾，这种启发源自我的父亲——罗伯特·麦克塔格特·斯坦尼尔（Robert McTaggart Stanier）。

我写这几页的时候人在堪培拉，因为我的父亲已经来日无多。

他很伟大，他的一生过得很精彩。他文静谦逊，毕生都在用心服务他人。他有 3 个价值目标，并且都一一实现了。

价值目标 1：打造社群。他参加了无数个委员会和理事会，并且身兼各种志愿者角色。他始终坚定地致力于打造各种联盟，与各种困难周旋，解决各种历史遗留问题。

价值目标 2：赞美和认可团队以及团队所做的贡献。早在"以人为本的领导力"这个概念第一次出现之前，他已开始了这方面的实践。作为一名航空工程师，他在专业领域内广受人们的尊重和敬佩。退休时，数百人参加了他的欢送会。

价值目标 3：经营家庭，给儿子们树立榜样。父亲宽厚、忠诚、大方，与我母亲罗希（Rosey）感情坚实、亲密、平等。我最早的记忆之一，便是父亲给我们讲他自己编的冒险故事。如今我仍在努力尝试各种冒险，我在自己以及我的两兄弟身上每天都能看到传承的印记。

越来越强之物

我的桌上有一张小纸条，用一块小小的白色鹅卵石压着。纸条上写着赖内·马利亚·里尔克（Rainer Maria Rilke）《观看的男人》（*Der Schauende*）一诗中的最后 3 行。爱德华·斯诺（Edward

Snow）将诗名译为《观望者》，那 3 行这样写道：

> 胜利引诱不了他
>
> 他自有成长之道：甘为卑微的战败者
>
> 败于越来越强之物

　　它就像是一种召唤，深深地打动了我，它敦促我前进，充满勇气和抱负。该诗的背景来自圣经故事，故事中的人物雅各布（Jacob）曾与天使角力。本诗所指在于，你所做的一切都必须重要到使得你和那个"常常谢绝战斗"的天使相遇并让他与你战斗。

> 谁败于这位天使
>
> （可他常常谢绝战斗）
>
> 谁便能从那只轻拢着他的
>
> 如雕塑般强硬的手中
>
> 出走得挺拔、正义和伟大

　　我们在追求价值目标时，便是在与天使角力，这会让我们迎难而上，成就自身的伟大。

人 生 需 要 被 计 划

HOW TO BEGIN

空白流程表和推荐书目

在写作本书时，我会不断地提醒自己：尽量写短，并确保有料。结果便是大量文字被删除。那些文字的消失对各位读者来说是好事。但另外有一些内容还是有用的，于是我把它们放在了附录中。

接下来你会看到：

◎《人生需要被计划》流程表：

空白版以及由真人填写完成的样表

◎ 推荐书目

感谢你决心追求自己的价值目标。你所做的是更多地为这个世界付出而非索取的事情，而我们都会因此变得更加美好。

你令人敬佩，而且你做得很棒。

在接下去几页中，你会看到一张空白表，以及两张由真人完成的样表。

登录 HowToBegin.com 网站，你会找到更多的样表，以及填表人的填写视频。

MBS

迈克尔·邦吉·斯坦尼尔

《人生需要被计划》流程表

设定价值目标

我的价值目标（令人兴奋、意义重大、十分艰巨）

下定决心

仓促上阵　　　　　　　　　　"蚊子"（作为和不作为）

得：舒适　　　　　　　　　　失：代价

得：品质　　　　　　　　　　失：风险

跨越门槛

过往经验、试验和练习

此 / 非彼

建团队

吉尔·布尔金（Gill Buergin）: 开发一个打造女性领导力的工具

设定价值目标

我的价值目标（令人兴奋、意义重大、十分艰巨）

我认为这个世界需要更多的女性领导者，也认为女性需要在我们的支持下激发领导力。我的价值目标是撰写和创办一份旨在"唤醒女性力量"的杂志，帮助 16 至 18 岁的女性发现她们的领导力潜能。在重要度和艰巨度方面我各打 7 / 7 分，兴奋度方面为 4 / 7 分。

下定决心

仓促上阵

我之前从未下定决心写作，因此追求这个价值目标将带我进入未知的领域。

"蚊子"（作为和不作为）

我接了客户委托的一些费时费力的项目，这样我将避免面对价值目标，也没有时间去开发它。

得：舒适

更多的自由时间；没有浪费时间的风险；没有义务负担；没有失败的风险。

失：代价

不是目标年龄段的女性则无法获得这个资源；假如结果不能让我满意，我会感到很受挫。

得：品质

我是女性盟友。我是年轻女性的支持者。我是个导师。我是个作家。

失：风险

假如努力了却没有起到作用或没有达到目标，我会很失望；假如为此投入的大量时间和精力最终白费，结果仍旧不好，我会很失望。

跨越门槛

过往经验、试验和练习

我过去曾下决心追求一个十分艰巨的目标，结果取得了成功。这个过程需要自律、专注和各方面强大的支持，同时也需要支持性的日常操作和学习实践。这段经历有助于提醒我，自己还算有"坚持下去"的能力。

此 / 非彼

前进而非抵制；进入心流而非陷入困境；充满活力而非负担重重；追求平衡而非制造压力；坚持内心而非害怕他人的评价。

建团队

我需要一位猛士、一位治疗师和一位老师。但还得找个能让我变得无所畏惧的人——远见之人，或许还得有个能挑战我的无赖。

约格·吉拉尔多（Jorge Giraldo）：写完一本书的初稿

设定价值目标

我的价值目标（令人兴奋、意义重大、十分艰巨）

在接下去的 90 天内完成一本谈抗压的书的"蹩脚"初稿，至少 2 万字。

下定决心

仓促上阵

我曾在过去写过一些颇受好评的文章，但没有努力坚持。

"蚊子"（作为和不作为）

和女儿一起学下国际象棋；为写书过度收集资料。

得：舒适

能花时间找客户；可避免写了一本没人愿意读的书。

失：代价

后悔没能实现一生的梦想；读者会错过有价值的内容。

得：品质

我能成为一名作家。我提升了很多人的生活质量。我收获了巨大名声。

失：风险

书一旦失败，我的自尊心会受到伤害；失去了宝贵的时间。

跨越门槛

过往经验、试验和练习

　　每天至少写作 10 分钟，每周完成约 2 000 字；每月发表 2 篇有关抗压方面的文章，以测试公众对我的观点和想法的接受度。

此 / 非彼

　　驶向某个目的地而非在大海上漫无目的地漂荡；穿越野地的远足而非去办公室上班的日常通勤；每日做冥想练习而非洗餐具。

建团队

　　我有一位猛士、一位治疗师和几位老师，还得找个远见之人和无赖。另外我还有几位创作者朋友，他们跟我类似，也在追求价值目标的路上。

　　想看更多案例？

　　欢迎登录 HowToBegin.com 网站，查看人们完成这个流程的更多案例。

从"想要"到"得到"行动流程

你会选择和谁一起运用流程?

你倾向于哪种运用流程的速度?

你想做出什么承诺来完成这个流程?

(例如，在什么日期之前、某种形式的问责制、每日行动、完成所有步骤或只完成你想完成的步骤)

您将使用哪些工具记录这个流程?

(例如，工作表、日记、笔记应用程序、最喜欢的笔、应用程序等)

你现在想记住哪些以后会派上用场的事情?

(比如，总是会遇到困难，你擅长完成任务，你很棒，你做得很好)

设定价值目标

写下蹩脚的初稿

测一测你的抱负

| "类配偶"测试 | "终极意义"测试 | "金发姑娘区－适居带"测试 |

写下你的第 2 稿

打分测试

令人兴奋： / 7　　　意义重大 / 7　　　十分艰巨： / 7　　　=　　　/ 21

改写出一篇强大的最终稿

下定决心

辨明立场：承认自己的"仓促上阵"

辨明立场：注意你的"蚊子"

想法	行动

评估现状：假如我放弃追求价值目标……

舒适（得）	代价（失）

失 > 得

评估未来旅程：全力追求价值目标会让你变成怎样的人？

品质（得）	风险（失）

得 > 失

跨越门槛

小步走

过往经验

试验和练习

记住最好的自己

此 / 非彼

不要独行：你的征程无需谁？

不要独行：你需要谁结伴同行？

猛士   老师 / 魔术师   无 赖

治疗师 / 爱人   远见之人 / 统治者

从"想要"到"得到"行动流程

姓名和日期

你会选择和谁一起运用流程？

你倾向于哪种运用流程的速度？

你想做出什么承诺来完成这个流程？

（例如，在什么日期之前、某种形式的问责制、每日行动、完成所有步骤或只完成你想完成的步骤）

您将使用哪些工具记录这个流程？

（例如，工作表、日记、笔记应用程序、最喜欢的笔、应用程序等）

你现在想记住哪些以后会派上用场的事情？

（比如，总是会遇到困难，你擅长完成任务，你很棒，你做得很好）

设定价值目标

写下蹩脚的初稿

测一测你的抱负

"类配偶"测试	"终极意义"测试	"金发姑娘区－适居带"测试

写下你的第 2 稿

打分测试

令人兴奋：   / 7   意义重大   / 7   十分艰巨：   / 7   =   / 21

改写出一篇强大的最终稿

下定决心

辨明立场： 承认自己的"仓促上阵"

辨明立场： 注意你的"蚊子"

想法 　　　　　　　　　　　　　　　　　行动

评估现状： 假如我放弃追求价值目标……

舒适（得）　　　　　　　　　　　　　　代价（失）

失 > 得

评估未来旅程： 全力追求价值目标会让你变成怎样的人？

品质（得）　　　　　　　　　　　　　　风险（失）

得 > 失

跨越门槛

小步走

过往经验

试验和练习

记住最好的自己

此 / 非彼

不要独行：你的征程无需谁？

不要独行：你需要谁结伴同行？

猛士 老师 / 魔术师 无 赖

治疗师 / 爱人 远见之人 / 统治者

推荐书目

本书的灵感来源既深且广。以下是其中的一些主要来源，帮我为大家打磨出了本书。

设定价值目标

《早起的奇迹》（*The Miracle Morning*）

哈尔·埃尔罗德（Hal Elrod）

独创了人生拯救计划，帮助数百万读者建立了早起习惯，成为精进、专注、高效的"晨型人"。

《奇迹公式》（*The Miracle Equation*）

哈尔·埃尔罗德（Hal Elrod）

当你怀着坚定不移的信念来对待你的生活、目标、梦想，甚至人际关系，并且付出了非同常人的努力时，你将使这个正反馈循环持续运转下去。

下定决心

《野蛮进化》（*Relentless*）

蒂姆·S. 格罗弗（Tim S. Grover）

莎莉·莱塞·温克（Shari Lesser Wenk）

无论你的梦想是什么，许过何种誓言，你都能到达高峰，甚至超越。一本能真正激发强大自我的力量之书，帮你完成从优秀到卓越再到无人能挡的野蛮进化。

《活出最佳自我》（ *Best Self* ）

迈克尔·拜尔（Michael Bayer）

独创"最佳自我"人生 7 领域模型、测试评估和强化练习，让你一步步活成想要的自己，帮助你直面所有人生课题，遵从内心而活，不再受外界烦扰。

《穿过内心那片深海》（ *Becoming The One* ）

谢莉娜·艾雅娜（Sheleana Aiyana）

一本关于内心世界和人际关系的精彩指南。用 23 个真实咨询案例、19 个实操练习，让你完成完整的、精神层面的情感再教育。

跨越门槛

《自律力》（ *Lifestorming* ）

马歇尔·古德史密斯（Marshall Goldsmith）

艾伦·韦斯（Alan Weiss）

没有谁生来平庸。持续努力，蜕变时刻都在发生！美国领导理论大师沃伦·本尼斯都心动的"人生风暴"自律法则！

《时间管理的奇迹》（*Procrastinate on Purpose*）

罗里·瓦登（Rory Vaden）

掌握时间管理的底层逻辑，创造自我成长加速的奇迹。是一本告别无效拖延、减轻工作压力的颠覆性时间管理体系，迅速提高工作效能的行动手册。

《向上的奇迹》（*MOJO*）

马歇尔·古德史密斯（Marshall Goldsmith）

在这个瞬息万变的时代，正向力对职业人士而言已经不是一种选择，而是一种必需。本书将解决你从职业选择到创业方向，从日常沟通到建立关系中的问题。

致 谢 HOW TO BEGIN

奥斯卡奖获得者的演讲只给六十秒钟时间，因此他们肯定无法将所有人都感谢一遍。而身为作者，虽说只要你想，纸足够你用，然而忘记感谢某些重要人物的风险反而会增加。暂且让我试试吧。假如不巧漏了您，在此先行致歉。

蜡笔盒公司团队，尤其香农·米妮菲（Shannon Minifie），她是位远比我想象中出色得多的首席执行官。

MBS 工作室团队，尤其安斯利·布里顿（Ainsley Brittain），合谋项目（The Conspiracy）的主管。

MBS Page Two 播客团队：总监图格巴·耶尼亚（Tugba Yeniay）。一石创意(One Stone Creative)的：梅甘·多尔蒂(Megan Dougherty)、奥德拉·卡西诺（Audra Casino）。

Page Two 出版社团队。自我首次与这个大方包容、充满抱负的团队合作，至今已过去五年了，他们无疑越做越好。我常常在电话里被人们问及与他们合作的真实感受。我回答说：无他，因为我只能说我完全信任他们。作为编辑，阿曼达（Amanda）既对我表现出了极大的耐心，也给予了我很多意见，还让我感受到了她的坚持。罗琳（Lorraine）是销售变革的中坚。加比在主持工作方面表现极为出色。梅根（Meghan）已开始再造图书营销模式。彼得（Peter）是个设计天才。还有杰西（Jesse），联合创始人，胸怀宽如海。

感谢指导我如何用心书写智慧的那些人。尼克·凯夫（Nick Cave），他的《红手档案》（*The Red Hand Files*）堪称奇迹。保罗·凯利（Paul Kelly），讲故事不带一个多余的词。约翰·格林（John Green），他的《人类世评论》（*The Anthropocene Reviewed*）播客光芒四射。布芮尼·布朗（Brené Brown），参加她的播客节目于我而言是种恩赐。

我的早期读者群：安斯利·布里顿（Ainsley Brittain）、香塔尔·托恩博士（Dr. Chantal Thorn）、老爸、埃里克·克莱因（Eric Klein）、艾琳·内奥米·巴罗斯（Erin Naomi Burrows）、加布里埃尔·路易斯（Gabrielle Lewis）、格斯·斯坦尼尔（Gus Stanier）、杰森·福克斯（Jason Fox）、詹妮·布莱克（Jenny Blake）、凯伦·赖特（Karen Wright）、凯特·黎（Kate Lye）、洛兰·桑托斯（Loraine Santos）、玛丽·谢尔登（Mary Sheldon）、米莎·格

鲁贝尔曼（Misha Glouberman）、奥克塔维亚·戈瑞德玛（Octavia Goredema）、帕德瑞·奥苏利文（Padraig O'Sullivan）、菲尔·杜利（Phil Dooley）、香农·米妮菲博士、史蒂芬妮·哈里森（Stefanie Harrison）、蒂姆·列博莱希特（Tim Leberecht）、汤姆·伍杰克（Tom Wujec），当然还有最重要的一位，玛塞拉（Marcella）。

部分 MBS 工作室的成员，数以百人，参加过我在 2021 年年初制作的节目。你肯定在奈飞（Netflix）或者家庭影院频道（HBO）看过某个喜剧特别节目，你看到的剧情，都是经由全国各地的俱乐部打磨、调整和精制，最终才录制和定型的。也正是在那群可爱的人的帮助下，确保了本书所提及的各种理念和流程具备了真实的实践基础。

特别要感谢那些和我们大家慷慨分享个人流程的朋友：本·威普曼（Ben Wipperman）、菲奥娜·弗雷泽（Fiona Fraser）、吉尔·布尔金（Gill Buergin）、海伦·汤申德（Helen Townshend）、约格·吉拉尔多（Jorge Giraldo）、凯·利·黑根（Kay Leigh Hagan）、米歇尔·本宁（Michelle Benning）和斯图尔特·埃格林（Stuart Eglin）。

本书受父亲启发。本书献给玛塞拉。

GRAND CHINA

中 资 海 派 图 书

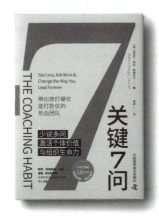

扫码购书

[加拿大]

迈克尔·邦吉·斯坦尼尔　著

易　伊　译

定价：65.00 元

《关键 7 问》

---

7 个关键问题，
带出敢打硬仗、能打胜仗的热血团队

- 团队成员离了你就不出成果，没有耐心地带人？
- 工作进度总被杂事打断，没有精力地带人？
- 丧失工作目标感和价值感，没有意义地带人？

　　教练界的头号思想领袖，"全球教练大师"（Global Coaching Guru），国际人力资源协会 SHRM 管理培训师，20 年领导力培训经验，120 000 名繁忙管理者亲证。

　　彻底扫清 3 大常见带人误区，每天 10 分钟，在日常工作中收获奇效！

G R A N D   PUBLISHING HOUSE

C H I N A

扫码购书

[英]托马斯·查莫罗－
普雷穆季奇　著

李文远　译

定价：69.80 元

《AI 时代人性的弱点》

在担心被 AI 取代之前
请不要让自己变得像个机器

心理学家托马斯认为，人工智能虽然让日常生活变得更便捷，但它也在恶化我们的不良倾向，使我们失去人性，变得更像机器，比如更加分心、自私、有偏见、自恋、任性、可被预测和不耐烦。

托马斯研究了人类智能的典型特征在与 AI 互动中的表现，揭示了当前技术发展进入了"优化技术"而非"优化人类生活"这一错误方向。他指出，AI 应从传递信息转变成传授技能、行为和道德，人类应加倍发挥好奇心、适应力和感知能力，同时依靠同情心、谦逊和自控力等"遗失的美德"，提高自己的智力和专业能力，利用 AI 来提升我们生而为人的独特价值。

在人工智能时代，我们如何适应和掌控我们想要怎样生活和工作？选择权在我们手中。

GRAND CHINA

中 资 海 派 图 书

[美] 彼得·霍林斯　著

王正林　译

定价：59.80 元

扫码购书

《知道做到 自学的科学》

更少时间掌握更多的妙手学习法

- 快速吸收核心知识，解救上网课学不进去的你！
- 20 分钟读完 300 页的书，减负有多重学习任务的你！
- 娱乐功课两不误，释放刷手机成"瘾"的你！

　　基于前沿神经科学和行为心理学研究的 13+n 种学习法，普林斯顿大学、耶鲁大学、多伦多大学的学霸争相运用，更有北京大学国际工商管理硕士班客座教授孙路弘作序，德语英语双语学习高手、作家和资深媒体人乔飞倾情讲解！

　　助你冲破学习壁垒，加速度朝梦校和理想意向目标前进。

扫码购书

[美] 彼得·霍林斯　著

于德伟　张宏佳　译

定价：59.80 元

《知道做到 快速获取新技能的科学》

超专业化的跨界通才技能学习秘诀

- 帮助即将毕业或找工作中的你，获得独一无二的求职竞争力！
- 赋能准备晋升或跳槽转行的你，无缝衔接新岗位，适应新职场！
- 指导发展副业或自由职业的你，持有长期稳定的"睡后收入"！

微软"全球数字技能提升计划"核心学习理念，13+n 种技能获取法定位短、中、长期的职业生涯预期，引爆你的职业潜力！深圳职业能力建设专家库专家高静倾情作序。

助你突破职业天花板，全方位构建职场人的多维竞争力。

中资海派文化
GRAND CHINA

READING YOUR LIFE

人与知识的美好链接

20 年来，中资海派陪伴数百万读者在阅读中收获更好的事业、更多的财富、更美满的生活和更和谐的人际关系，拓展读者的视界，见证读者的成长和进步。

现在，我们可以通过电子书（微信读书、掌阅、今日头条、得到、当当云阅读、Kindle 等平台），有声书（喜马拉雅等平台），视频解读和线上线下读书会等更多方式，满足不同场景的读者体验。

关注微信公众号"**中资海派文化**"，随时了解更多更全的图书及活动资讯，获取更多优惠惊喜。你还可以将阅读需求和建议告诉我们，认识更多志同道合的书友。让派酱陪伴读者们一起成长。

 微信搜一搜　🔍 **中资海派文化**

了解更多图书资讯，请扫描封底下方二维码，加入"中资书院"。

也可以通过以下方式与我们取得联系：

📱 采购热线：18926056206 / 18926056062　　📞 服务热线：0755-25970306

✉ 投稿请至：szmiss@126.com　　🔴 新浪微博：中资海派图书

更 多 精 彩 请 访 问 中 资 海 派 官 网　　(www.hpbook.com.cn ▸)